豫选黄河鲤 2 号

草鱼“沪苏 1 号”

翘嘴鳜“华康 2 号”

黑鲷“苏海 1 号”

克氏原螯虾“盱眙 1 号”

罗氏沼虾“苏沪 1 号”

凡纳滨对虾“中兴 2 号”

凡纳滨对虾“海景洲 1 号”

凡纳滨对虾“广泰 2 号”

中华绒螯蟹“申江 1 号”

中华绒螯蟹“阳澄湖 1 号”

文蛤“苏海红 1 号”

皱纹盘鲍“福海 1 号”

缢蛏“甬乐 2 号”

香港牡蛎“桂蚝 1 号”

扇贝“橙黄 1 号”

刺参“安源 2 号”

海蜇“辽海科 1 号”

杂交鲤鲃“滇优 1 号”

杂交雅罗鱼“雅龙 1 号”

黄颡鱼“百雄 1 号”

牙鲆“圣航 1 号”

福建牡蛎“前沿 2 号”

国家水产新品种培育与繁养技术手册 2024

GUOJIA SHUICHAN XIN PINZHONG PEIYU YU FANYANG JISHU SHOUCE **2024**

全国水产技术推广总站　编

中国农业出版社
北　京

《国家水产新品种培育与繁养技术手册 2024》

编　委　会

主　　任： 张　锋

副 主 任： 何建湘

主　　编： 王建波

副 主 编： 韩　枫　孙广伟　刘　铭　李　赞

编审人员：（按姓氏笔画排序）

于　洋　王春德　王晓爱　尤　锋　孔　杰
艾　丽　史　博　丛日浩　冯建新　成永旭
刘志刚　许志强　纪右康　李云峰　李家乐
李富花　吴旭干　吴杨平　何建国　邹安革
沈玉帮　宋宗诚　张兴志　张志勇　张源伟
陈　丹　陈柏湘　陈奕彬　陈爱华　陈焕根
陈淑吟　林志华　周遵春　庚宸帆　郑圆圆
赵　明　柯才焕　宫金华　骆　轩　聂春红
倪　蒙　徐　宇　徐　跑　徐　鹏　徐钢春
郭稳杰　常玉梅　常亚青　梁旭方　梁利群
彭金霞　彭瑞冰　董迎辉　潘晓赋

前言

2024年10月22日，农业农村部第836号公告公布了第六届全国水产原种和良种审定委员会第六次会议审定通过的23个水产新品种。为促进这些新品种在水产养殖生产中的推广应用，我们组织相关单位的苗种培育和养殖技术专家编写了本书。

本书重点介绍了新品种的培育过程、品种特性、人工繁殖及养殖技术等，提供了良种供应单位信息，可供水产科研、推广、养殖技术人员和养殖生产者参考。

需要说明的是，水产新品种不可进行人工增殖放流，所有水产新品种须在人工可控的环境下养殖。

本书的编写得到了新品种培育单位育种科技人员的大力支持，在此表示衷心感谢！因编者水平有限，书中不妥之处，敬请广大读者批评指正。

编　者

2024年10月

目 录

中华人民共和国农业农村部公告
第 836 号

豫选黄河鲤 2 号等 23 个水产新品种，业经全国水产原种和良种审定委员会审定通过，且公示期满无异议。根据《中华人民共和国渔业法》有关规定，现予公告。

附件：1. 2024 年审定通过的水产新品种名单

2. 2024 年审定通过的水产新品种简介

农业农村部

2024 年 10 月 22 日

附件 1

2024 年审定通过的水产新品种名单

序号	品种登记号	品种名称	育种单位
1	GS-01-001-2024	豫选黄河鲤 2 号	河南省水产科学研究院、厦门大学、中国水产科学研究院渔业工程研究所
2	GS-01-002-2024	草鱼“沪苏 1 号”	上海海洋大学、苏州市申航生态科技发展股份有限公司、广东百容水产良种集团有限公司、南昌神龙渔业开发有限公司、广州观星农业科技有限公司、滁州市福家水产养殖有限公司、江苏坤泰农业发展有限公司、微山县南四湖渔业有限公司
3	GS-01-003-2024	翘嘴鳜“华康 2 号”	华中农业大学、武汉市鑫鳜源生态农业科技有限公司、广东澳品智能农业科技发展有限公司、江西省水产科学研究所、成都大胃王农业集团有限公司

（续）

序号	品种登记号	品种名称	育种单位
4	GS-01-004-2024	黑鲷“苏海1号”	江苏省海洋水产研究所、中国水产科学研究院淡水渔业研究中心、江苏中洋集团股份有限公司、南京师范大学
5	GS-01-005-2024	克氏原螯虾“盱眙1号”	江苏省淡水水产研究所、江苏盱眙龙虾产业发展股份有限公司
6	GS-01-006-2024	罗氏沼虾“苏沪1号”	江苏鼎和水产科技发展有限公司、江苏省渔业技术推广中心、上海海洋大学、泰州市农业科学院
7	GS-01-007-2024	凡纳滨对虾“中兴2号”	广东恒兴饲料实业股份有限公司、中山大学
8	GS-01-008-2024	凡纳滨对虾“海景洲1号”	海南海兴农海洋生物科技有限公司、中山大学、中国水产科学研究院黄海水产研究所、湛江海兴农海洋生物科技有限公司
9	GS-01-009-2024	凡纳滨对虾“广泰2号”	中国科学院海洋研究所、信邦海洋生物科技有限公司、渤海水产股份有限公司
10	GS-01-010-2024	中华绒螯蟹“申江1号”	上海海洋大学、深圳市澳华集团股份有限公司、浙江澳凌水产种业科技有限公司、常州市金坛区水产技术推广中心、射阳县陈瑜水产养殖有限公司
11	GS-01-011-2024	中华绒螯蟹“阳澄湖1号”	中国水产科学研究院淡水渔业研究中心、苏州市阳澄湖现代农业发展有限公司、苏州优华生态科技有限公司、苏州油泾阳澄湖大闸蟹有限公司、苏州市水产技术推广站
12	GS-01-012-2024	文蛤“苏海红1号”	江苏省海洋水产研究所、江苏省渔业技术推广中心、浙江万里学院、如东宋玲水产养殖有限公司
13	GS-01-013-2024	皱纹盘鲍“福海1号”	厦门大学、晋江福大鲍鱼水产有限公司、福建闽锐宝海洋生物科技有限公司
14	GS-01-014-2024	缢蛏“甬乐2号”	浙江万里学院、浙江万里学院宁海海洋生物种业研究院、中国水产科学研究院黄海水产研究所

（续）

序号	品种登记号	品种名称	育种单位
15	GS－01－015－2024	香港牡蛎“桂蚝1号”	广西壮族自治区水产科学研究院
16	GS－01－016－2024	扇贝“橙黄1号”	广东海洋大学、中国科学院烟台海岸带研究所、湛江银浪海洋生物技术有限公司
17	GS－01－017－2024	刺参“安源2号”	山东安源种业科技有限公司、大连海洋大学、安源种业（辽宁）有限公司、烟台市海洋经济研究院
18	GS－01－018－2024	海蜇“辽海科1号”	辽宁省海洋水产科学研究院
19	GS－02－001－2024	杂交鲤鲃“滇优1号”	中国科学院昆明动物研究所、云南省水产技术推广站
20	GS－02－002－2024	杂交雅罗鱼“雅龙1号”	中国水产科学研究院黑龙江水产研究所
21	GS－02－003－2024	杂交黄颡鱼“百雄1号”	广东百容水产良种集团有限公司、阳新县百容水产良种有限公司、华中农业大学、中国水产科学研究院珠江水产研究所、海南百容水产良种有限公司、荆州百容水产良种有限公司
22	GS－02－004－2024	牙鲆“圣航1号”	中国科学院海洋研究所、威海圣航水产科技有限公司、中国水产科学研究院
23	GS－02－005－2024	福建牡蛎“前沿2号”	青岛前沿海洋种业有限公司、中国科学院海洋研究所

附件2

2024年审定通过的水产新品种简介

一、水产新品种登记说明

全国水产原种和良种审定委员会审定通过的水产新品种登记号说明如下：

（一）“G”为“国”的第一个拼音字母，“S”为“审”的第一个拼音字母，以示国家审定通过的品种。

（二）“01”“02”“03”“04”分别表示选育、杂交、引进和其他类品种。

（三）“001”“002”……为品种顺序号。

（四）“2024”为审定通过的年份。

如：“GS－01－001－2024”为“豫选黄河鲤2号”的品种登记号，表示2024年国家审定通过的排序1号的选育品种。

二、2024年审定的水产新品种简介

（一）品种名称：豫选黄河鲤2号

水产新品种登记号：GS－01－001－2024

亲本来源：豫选黄河鲤保种群体和黄河鲤天然文岩渠、伊河野生群体

育种单位：河南省水产科学研究院、厦门大学、中国水产科学研究院渔业工程研究所

简介：该品种是2010年在豫选黄河鲤保种群体和从天然文岩渠、伊河收集的野生黄河鲤群体混群繁育后代中以体形、体色和体重为标准选取的337尾黄河鲤为基础群体，以体重和体色为目标性状，采用群体选育技术并在第4代结合分子标记辅助育种技术，经连续4代选育而成。在相同养殖条件下，与豫选黄河鲤相比，18月龄体重提高17.42%，体色无红色分化。适宜在全国水温12～30℃的人工可控的淡水水体中养殖。

（二）品种名称：草鱼“沪苏1号”

水产新品种登记号：GS－01－002－2024

亲本来源：草鱼江苏邗江野生群体

育种单位：上海海洋大学、苏州市申航生态科技发展股份有限公司、广东百容水产良种集团有限公司、南昌神龙渔业开发有限公司、广州观星农业科技有限公司、滁州市福家水产养殖有限公司、江苏坤泰农业发展有限公司、微山县南四湖渔业有限公司

简介：该品种是以2004年从江苏邗江收集的210尾野生草鱼为基础群体，以体重为目标性状，采用家系选育技术，经连续4代选育而成。在相同的养殖条件下，与未经选育的草鱼相比，7月龄、19月龄体重分别提高19.74%和20.16%。适宜在全国水温18～32℃的人工可控的淡水水体中养殖。

（三）品种名称：翘嘴鳜“华康2号”

水产新品种登记号：GS－01－003－2024

亲本来源：翘嘴鳜“华康1号”保种群体和翘嘴鳜黑龙江黑河段野生群体

育种单位：华中农业大学、武汉市鑫鳜源生态农业科技有限公司、广东澳品智能农业科技发展有限公司、江西省水产科学研究所、成都大胃王农业集团

有限公司

简介：该品种是以2014年从黑龙江黑河段收集的641尾野生翘嘴鳜和2015年育种单位保存的1 040尾翘嘴鳜“华康1号”为基础群体，在投喂配合饲料的条件下，以体重为目标性状，采用群体选育技术，经连续4代选育而成。在投喂配合饲料的养殖条件下，与翘嘴鳜“华康1号”相比，6月龄体重提高15.74%。适宜在全国水温22～30℃的人工可控的淡水水体中养殖。

（四）品种名称：黑鲷“苏海1号”

水产新品种登记号：GS-01-004-2024

亲本来源：黑鲷山东莱州湾海域野生群体

育种单位：江苏省海洋水产研究所、中国水产科学研究院淡水渔业研究中心、江苏中洋集团股份有限公司、南京师范大学

简介：该品种是以2001年从山东莱州湾海域收集的3 580尾野生黑鲷为基础群体，以体重为目标性状，采用群体选育技术，经连续4代选育而成。在相同养殖条件下，与未经选育的黑鲷相比，18月龄体重提高24.37%。适宜在江苏、浙江、山东等地水温18～32℃和盐度6～32的人工可控的海水水体中养殖。

（五）品种名称：克氏原螯虾“盱眙1号”

水产新品种登记号：GS-01-005-2024

亲本来源：克氏原螯虾江苏、江西及安徽野生群体

育种单位：江苏省淡水水产研究所、江苏盱眙龙虾产业发展股份有限公司

简介：该品种是以2012年从长江镇江段、南京固城湖、沛县微山湖、射阳滩涂、宿迁洪泽湖和骆马湖、江西鄱阳湖、安徽金寨等水域收集的19 000余尾野生克氏原螯虾为基础群体，以体重为目标性状，采用群体选育技术，经连续6代选育而成。在相同养殖条件下，与未经选育的克氏原螯虾相比，80日龄体重提高18.62%。适宜在全国水温8～30℃的人工可控的淡水水体中养殖。

（六）品种名称：罗氏沼虾“苏沪1号”

水产新品种登记号：GS-01-006-2024

亲本来源：罗氏沼虾缅甸群体

育种单位：江苏鼎和水产科技发展有限公司、江苏省渔业技术推广中心、上海海洋大学、泰州市农业科学院

简介：该品种是以2015年引进的罗氏沼虾缅甸群体中挑选的3 000尾亲虾为基础群体，以体重为目标性状，采用家系选育技术，经过连续5代选育而成。在同等养殖条件下，与未经选育的罗氏沼虾缅甸群体相比，150日龄体重提高22.89%。适宜在全国水温22～32 ℃和盐度0～3的人工可控的水体中养殖。

（七）品种名称：凡纳滨对虾“中兴2号”

水产新品种登记号：GS-01-007-2024

亲本来源：凡纳滨对虾美国夏威夷群体选育系和泰国群体

育种单位：广东恒兴饲料实业股份有限公司、中山大学

简介：该品种是以2002年从美国夏威夷引进、经以养殖成活率为目标性状的连续8代家系选育获得的凡纳滨对虾选育群体和2015年从泰国引进的凡纳滨对虾群体为基础群体，以含急性肝胰腺坏死病主要致病基因的副溶血弧菌抗性为目标性状，采用群体选育结合分子标记辅助育种技术，经连续4代选育而成。在相同感染试验条件下，与凡纳滨对虾“中兴1号”相比，7日存活率提高26.33%。在相同养殖条件下，与凡纳滨对虾“中兴1号”相比，115日龄养殖成活率提高10.64%、体重相当；与泰国群体相比，115日龄养殖成活率提高15.72%、体重提高12.09%。适宜在全国水温18～35 ℃和盐度3～42的人工可控的水体中养殖。

（八）品种名称：凡纳滨对虾“海景洲1号”

水产新品种登记号：GS-01-008-2024

亲本来源：凡纳滨对虾美国佛罗里达群体和夏威夷群体

育种单位：海南海兴农海洋生物科技有限公司、中山大学、中国水产科学研究院黄海水产研究所、湛江海兴农海洋生物科技有限公司

简介：该品种是以2014年从凡纳滨对虾美国佛罗里达群体和美国夏威夷群体中分别挑选的400尾和800尾虾作为基础群体，以白斑综合征病毒抗性、养殖成活率和体重为目标性状，采用家系选育结合多性状复合育种技术，经连续5代选育而成。与凡纳滨对虾“中兴1号”相比，在相同感染试验条件下，7日存活率提高25.64%；在相同养殖条件下，100日龄养殖成活率提高20.33%、体重提高10.15%。适宜在全国水温18～32 ℃和盐度2～35的人工可控的水体中养殖。

（九）品种名称：凡纳滨对虾“广泰2号”

水产新品种登记号：GS-01-009-2024

亲本来源：凡纳滨对虾“广泰1号”保种群体和厄瓜多尔群体

育种单位：中国科学院海洋研究所、信邦海洋生物科技有限公司、渤海水产股份有限公司

简介：该品种是以2017年育种单位保存的凡纳滨对虾“广泰1号”群体和厄瓜多尔群体为基础群体，以含急性肝胰腺坏死病主要致病基因的副溶血弧菌抗性和养殖成活率为目标性状，经连续2代家系选育和2代全基因组选育而成。与凡纳滨对虾“广泰1号”和美国高抗群体相比，在相同感染试验条件下，3日存活率分别提高43.05%和33.41%；在相同养殖条件下，120日龄养殖成活率分别提高20.06%和20.86%、体重相当。适宜在全国水温18～32℃和盐度0～45的人工可控的水体中养殖。

（十）品种名称：中华绒螯蟹“申江1号”

水产新品种登记号：GS-01-010-2024

亲本来源：中华绒螯蟹上海崇明养殖群体

育种单位：上海海洋大学、深圳市澳华集团股份有限公司、浙江澳凌水产种业科技有限公司、常州市金坛区水产技术推广中心、射阳县陈瑜水产养殖有限公司

简介：该品种是以2010年和2011年从中华绒螯蟹上海崇明养殖群体中分别挑选的2 416只、2 800只蟹作为奇数年和偶数年基础群体，以生殖蜕壳时间早为目标性状，采用群体选育技术，奇、偶年同步选育，经连续4代选育而成。在相同养殖条件下，与其他中华绒螯蟹品种相比，90%个体完成生殖蜕壳的时间提早11天、收获体重相当。适宜在全国水温15～30℃的人工可控的淡水水体中养殖。

（十一）品种名称：中华绒螯蟹“阳澄湖1号”

水产新品种登记号：GS-01-011-2024

亲本来源：中华绒螯蟹阳澄湖养殖群体和长江野生群体

育种单位：中国水产科学研究院淡水渔业研究中心、苏州市阳澄湖现代农业发展有限公司、苏州优华生态科技有限公司、苏州油泾阳澄湖大闸蟹有限公司、苏州市水产技术推广站

简介：该品种是以2007年从中华绒螯蟹阳澄湖养殖群体中挑选的590只雌蟹和从长江野生群体中挑选的235只雄蟹作为偶数年基础群体，以2008年按照同样配组方法挑选的565只雌蟹和224只雄蟹作为奇数年基础群体，以体重为目标性状，采用群体选育技术，奇、偶年同步选育，经连续5代选育而成。在相同养殖条件下，与中华绒螯蟹“诺亚1号”相比，18月

龄体重提高 10.02%。适宜在全国水温 15～30 ℃的人工可控的淡水水体中养殖。

（十二）品种名称：文蛤“苏海红 1 号”

水产新品种登记号：GS－01－012－2024

亲本来源：文蛤江苏如东野生群体

育种单位：江苏省海洋水产研究所、江苏省渔业技术推广中心、浙江万里学院、如东宋玲水产养殖有限公司

简介：该品种是以 2007 年从江苏如东海区挑选的 5 000 粒野生红壳文蛤为基础群体，以壳色、壳长为目标性状，采用群体选育技术，经连续 4 代选育而成。在相同养殖条件下，与未经选育的文蛤相比，17 月龄壳长提高 13.14%，酱红壳色个体比例达 98.83%。适宜在江苏、浙江等地水温 5～30 ℃和盐度 10～32 的人工可控的海水水体中养殖。

（十三）品种名称：皱纹盘鲍“福海 1 号”

水产新品种登记号：GS－01－013－2024

亲本来源：皱纹盘鲍大连野生群体

育种单位：厦门大学、晋江福大鲍鱼水产有限公司、福建闽锐宝海洋生物科技有限公司

简介：该品种是以 2003 年从大连海区挑选的 1 200 粒野生皱纹盘鲍为基础群体，以壳长和耐高温为目标性状，采用群体选育技术，经连续 8 代选育而成。在相同养殖条件下，与未经选育的皱纹盘鲍相比，耐温上限和 24 月龄壳长分别提高 1.56 ℃和 14.19%。适宜在福建、广东等地水温 12～29 ℃和盐度 28～33 的人工可控的海水水体中养殖。

（十四）品种名称：缢蛏“甬乐 2 号”

水产新品种登记号：GS－01－014－2024

亲本来源：缢蛏“甬乐 1 号”选育系

育种单位：浙江万里学院、浙江万里学院宁海海洋生物种业研究院、中国水产科学研究院黄海水产研究所

简介：该品种是以 2016 年从缢蛏“甬乐 1 号”选育系中挑选的 40 000 粒缢蛏为基础群体，以耐氨氮和体重为目标性状，采用群体选育结合家系选育技术，经连续 4 代选育而成。与未经选育的缢蛏群体和缢蛏“甬乐 1 号”相比，在相同氨氮胁迫试验条件下，存活率分别提高 42.23%和 31.98%；在相同养殖条件下，14 月龄体重分别提高 41.15%和 10.03%。适宜在浙江、广东等地

水温8～30℃和盐度7～30的人工可控的海水水体中养殖。

（十五）品种名称：香港牡蛎“桂蚝1号”

水产新品种登记号：GS-01-015-2024
亲本来源：香港牡蛎广西茅尾海野生群体
育种单位：广西壮族自治区水产科学研究院
简介：该品种是以2014年从广西茅尾海收集并挑选的570只野生香港牡蛎作为基础群体，以体重为目标性状，采用家系选育技术，经连续4代选育而成。在相同养殖条件下，与未经选育的香港牡蛎相比，24月龄体重提高26.73%。适宜在广西、广东等地水温12～32℃和盐度9～28的人工可控的海水水体中养殖。

（十六）品种名称：扇贝“橙黄1号”

水产新品种登记号：GS-01-016-2024
亲本来源：墨西哥湾扇贝广东雷州养殖群体和扇贝“渤海红”保种群体
育种单位：广东海洋大学、中国科学院烟台海岸带研究所、湛江银浪海洋生物技术有限公司
简介：该品种是以墨西哥湾扇贝广东雷州养殖群体和扇贝“渤海红”保种群体杂交子一代中挑选的62 000枚橙黄壳色扇贝为基础群体，以壳色和壳长为目标性状，采用群体选育技术，经连续6代选育而成。在相同养殖条件下，与未经选育的墨西哥湾扇贝相比，5月龄壳长提高14.84%，橙黄壳色个体占比94.20%。适宜在广东、广西和福建等地水温8～32℃和盐度23～35的人工可控的海水水体中养殖。

（十七）品种名称：刺参“安源2号”

水产新品种登记号：GS-01-017-2024
亲本来源：刺参“水院1号”选育系和刺参大连瓦房店、海洋岛野生群体
育种单位：山东安源种业科技有限公司、大连海洋大学、安源种业（辽宁）有限公司、烟台市海洋经济研究院
简介：该品种是以2012年从刺参“水院1号”选育系中挑选的568头亲参，以及从大连瓦房店和海洋岛野生群体中分别挑选的350头和585头亲参为基础群体，以体重和疣足（刺）数量为目标性状，采用群体选育技术，经连续4代选育而成。在相同养殖条件下，与刺参“安源1号”和未经选育群体相比，26月龄体重分别提高10.14%和31.29%，疣足数量分别提高13.91%和45.75%。适宜在辽宁、山东、福建等地水温2～30℃和盐度23～36的人工可

控的海水水体中养殖。

（十八）品种名称：海蜇“辽海科 1 号”

水产新品种登记号：GS-01-018-2024
亲本来源：海蜇辽宁营口、天津野生群体
育种单位：辽宁省海洋水产科学研究院

简介：该品种是以 2015 年从辽宁营口和天津分别收集的 120 只和 86 只野生海蜇经群体间交配获得的子代作为基础群体，以体重为目标性状，采用群体选育方法，经连续 4 代选育而成。在相同的养殖条件下，与未经选育的海蜇相比，成体体重提高 16.47%。适宜在辽宁、江苏等地水温 15～28 ℃和盐度 16～30 的人工可控的海水水体中养殖。

（十九）品种名称：杂交鲤鲃“滇优 1 号”

水产新品种登记号：GS-02-001-2024
亲本来源：华南鲤♀×滇池金线鲃“鲃优 1 号”选育系♂
育种单位：中国科学院昆明动物研究所、云南省水产技术推广站

简介：该品种是以 2006—2008 年从元江流域收集并以体重为目标性状、经连续 4 代群体选育获得的华南鲤为母本，以 2015 年中国科学院昆明动物研究所珍稀鱼类保育研究基地保存的滇池金线鲃“鲃优 1 号”为基础群体并以体重为目标性状、经连续 2 代群体选育获得的选育系为父本，杂交获得的 F_1。在相同养殖条件下，与父本相比，12 月龄、24 月龄体重分别提高 552.54%、682.47%。适宜在全国水温 16～28 ℃的人工可控淡水水体中养殖。

（二十）品种名称：杂交雅罗鱼“雅龙 1 号”

水产新品种登记号：GS-02-002-2024
亲本来源：瓦氏雅罗鱼♀×高体雅罗鱼♂
育种单位：中国水产科学研究院黑龙江水产研究所

简介：该品种是以 2008 年从内蒙古达里湖收集并以体重和耐碱为目标性状、经连续 2 代群体选育获得的瓦氏雅罗鱼为母本，以 2008 年从新疆额尔齐斯河收集并以体重为目标性状、经连续 2 代群体选育获得的高体雅罗鱼为父本，杂交获得的 F_1。在相同胁迫试验条件下，与父本相比，碱度耐受上限提高 22.60%；在相同养殖条件下，与母本和父本相比，18 月龄体重分别提高 33.80%和 16.18%。适宜在黑龙江、甘肃等地水温 13～22 ℃和碱度 10～35 毫摩/升的人工可控的水体中养殖。

（二十一）品种名称：杂交黄颡鱼"百雄1号"

水产新品种登记号：GS-02-003-2024

亲本来源：全雌黄颡鱼（XX）♀×超雄瓦氏黄颡鱼（YY）♂

育种单位：广东百容水产良种集团有限公司、阳新县百容水产良种有限公司、华中农业大学、中国水产科学研究院珠江水产研究所、海南百容水产良种有限公司、荆州百容水产良种有限公司

简介：该品种是以2013年从长江水系、珠江水系和黑龙江水系引种的4 500尾黄颡鱼为基础群体，经以体重为目标性状的连续4代群体选育并结合性别控制技术制备的全雌群体（XX）为母本；以2010年从长江水系和珠江水系引种的1 200尾瓦氏黄颡鱼为基础群体，经以体重为目标性状的连续3代群体选育并结合性别控制诱导技术制备的超雄群体（YY）为父本，经人工繁殖获得的F_1。在相同养殖条件下，与未经选育的杂交黄颡鱼（黄颡鱼♀×瓦氏黄颡鱼♂）相比，12月龄体重提高22.99%，雄性率95.4%以上。适宜在全国水温10～32℃的人工可控的淡水水体中养殖。

（二十二）品种名称：牙鲆"圣航1号"

水产新品种登记号：GS-02-004-2024

亲本来源：牙鲆生长快选育系♀×牙鲆耐高温选育系♂

育种单位：中国科学院海洋研究所、威海圣航水产科技有限公司、中国水产科学研究院

简介：该品种是以2007—2010年在山东威海海域收集的516尾野生牙鲆为基础群体，并在以耐高温和体重为目标性状开展1代群体选育获得子代的基础上，以体重为目标性状经连续2代雌核发育获得的生长快群体为母本，以耐高温为目标性状经连续2代雌核发育获得的耐高温群体伪雄鱼为父本，杂交获得的F_1。在相同养殖条件下，与未经选育的牙鲆相比，耐温上限和14月龄体重分别提高2.0℃和23.67%。适宜在河北、山东、辽宁等地水温16～27.5℃和盐度20～32的人工可控的海水水体中养殖。

（二十三）品种名称：福建牡蛎"前沿2号"

水产新品种登记号：GS-02-005-2024

亲本来源：福建牡蛎二倍体选育系♀×福建牡蛎四倍体选育系♂

育种单位：青岛前沿海洋种业有限公司、中国科学院海洋研究所

简介：该品种是以2014年从福建诏安收集的1 150枚野生福建牡蛎为基础群体，以壳高为目标性状、经连续4代群体选育获得的二倍体选育系为母

本，以采用细胞工程育种技术制备四倍体后以壳高为目标性状、经连续 4 代群体选育获得的四倍体选育系为父本，经杂交获得的三倍体 F_1。在相同养殖条件下，与母本、父本和未经选育的二倍体福建牡蛎养殖群体相比，12 月龄壳高分别提高 13.81%、18.97%和 34.19%；三倍体倍化率为 100%。适宜在福建、广东等地水温 11～34 ℃和盐度 20～35 的人工可控的海水水体中养殖。

豫选黄河鲤 2 号

一、品种概况

（一）培育背景

鲤（*Cyprinus carpio*）广泛分布于欧亚大陆，是世界主要水产养殖种之一，目前有 100 多个国家和地区养殖，年产量 379 万吨（FAO，2014）。我国是最大的鲤养殖国和消费国，2023 年产量 287 万吨（《2024 中国渔业统计年鉴》），占世界总产量的 75%。鲤是我国第 4 大淡水鱼，产量较高的省份依次为辽宁、山东、河南、黑龙江、四川。

我国重视鲤的开发利用和遗传改良，截至 2023 年，已审定 32 个鲤新品种，新品种数占全部水产新品种的 12%。黄河鲤在我国特别是北方沿黄地区水产业中占有举足轻重的地位。河南省水产科学研究院选育的豫选黄河鲤（品种登记号：GS01-001-2004）在沿黄地区渔民增收、产业增效和优质水产品供给等方面贡献显著，取得了良好的社会效益、经济效益和文化效益。

"豫选黄河鲤"育成较早，距今已有约 20 年，种质群体出现生长速度降低、体色分化、体形变团等问题，生产性能严重退化。因此，培育生长快、成活率高、适应能力强的黄河鲤新品种是产业发展的迫切需求，亟须一个支撑黄河鲤产业可持续发展的新品种，以实现三个育种目标：一是保持黄河鲤原种的基因纯合性，二是彻底解决体色红色分化问题，三是显著提升生长速度。

（二）育种过程

1. 亲本来源

豫选黄河鲤 2 号亲本包括豫选黄河鲤保种群体和采捕于黄河支流天然文岩渠和伊河的野生黄河鲤。从豫选黄河鲤保种群体雌雄各 100 尾和野生黄河鲤雌雄各 50 尾混群繁育的子代中，以体形、体色和体重为标准选取的 337 尾个体为选育基础群体。

2. 选育技术路线

豫选黄河鲤 2 号选育技术路线见图 1。

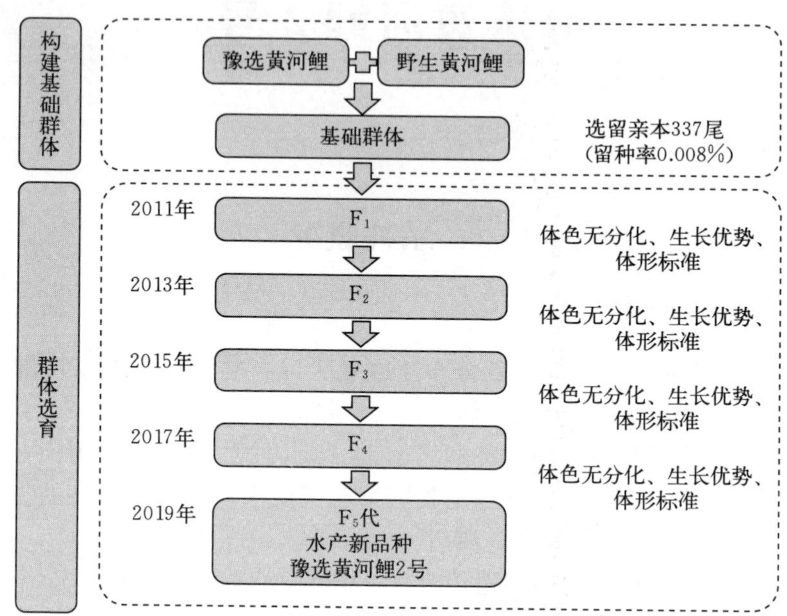

图 1　豫选黄河鲤 2 号选育技术路线

3. 选育过程

2010 年，从豫选黄河鲤保种群体和从天然文岩渠、伊河收集的野生黄河鲤群体混群繁育的子代中，以体形、体色和体重为标准选取 337 尾个体为选育基础群体。

2011—2019 年，以体重和体色为主要目标性状，采用群体选育技术并在第 4 代选育过程中利用分子标记辅助育种技术，进行连续 4 代选育。各代选育进展如下：2011 年繁殖配组获得 F_1，淘汰体色红色分化和低成活率家系后获得夏花 23 100 尾，对 F_1 夏花进行 2 次定向筛选，挑选出符合黄河鲤品种特征和有生长速度优势的亲本 417 尾。2013 年繁殖配组获得 F_2，淘汰体色红色分化和低成活率家系后获得夏花 23 400 尾，对 F_2 夏花进行 2 次定向筛选，挑选出符合黄河鲤品种特征和有生长速度优势的亲本 478 尾。2015 年繁殖配组获得 F_3，淘汰体色红色分化和低成活率家系后获得夏花 24 600 尾，对 F_3 夏花进行 2 次定向筛选，挑选出具有显著黄河鲤品种特征和生长速度优势的亲本 709 尾。2017 年繁殖配组获得 F_4，淘汰体色红色分化和低成活率家系后获得夏花 16 600 尾，对 F_4 夏花进行定向筛选，挑选出具有显著黄河鲤品种特征和生长速度优势的亲本 1 024 尾。对后备亲本进行 *mitfa* 基因上的双突变检测，证实红色隐性基因已剔除。2019 年 F_4 性成熟，繁殖获得 F_5，定名为豫选黄河鲤 2 号。

（三）品种特性和中试情况

1. 品种特性

豫选黄河鲤 2 号保持了黄河鲤的种质特征，体形梭长、侧扁，体长/体高为 3 左右，头背部呈缓缓上升的弧形；体侧鳞片呈金黄色，臀鳍、尾鳍下叶呈橙红色，体色因不同水体略有变化。在相同养殖条件下，与豫选黄河鲤相比，18 月龄生长速度平均提高 17.42%，体色无红色分化。适宜在全国各地人工可控的淡水水体中养殖。

2. 中试情况

2020—2022 年连续三年在河南省延津县、孟津区，陕西省渭南市大荔县、合阳县，山西省永济市开展了豫选黄河鲤 2 号与豫选黄河鲤完整养殖周期的生产性对比试验。累计试验面积 3 010 亩*，试验结果表明，与豫选黄河鲤相比，豫选黄河鲤 2 号体色遗传稳定无红色分化，生长速度提高 17.42%以上，增产效果显著。

二、人工繁殖技术

（一）亲本选择与培育

1. 亲本选择

豫选黄河鲤 2 号亲本来源于河南省水产科学研究院，苗种繁育场应从育种单位引进。亲本要求体形侧扁，头背部呈缓缓上升的弧形；体长/体高大于 3；体侧鳞片呈金黄色，臀鳍、尾鳍下叶呈橙红色；体格健壮，体表光洁，无病灶。雌鱼年龄 3～6 龄，雄鱼 2～5 龄。

2. 亲本培育

（1）培育环境　亲鱼池要求注、排水方便，池底平坦，淤泥厚度在 10～15 厘米，适宜水深 1.5～2.5 米。产卵前雌、雄亲鱼宜分开饲养，密度可为 300～500 千克/亩，并搭配 200 尾体长 10 厘米以上的鲢、鳙。

（2）饲养管理　保持水质清新，溶解氧充足，避免浮头现象。投喂全价配合饲料，日投喂量可为鱼体重的 2%～5%，根据水温及鱼的摄食强度及时调整。

---

* 亩为非法定计量单位，1 亩≈667 米^2。下同。——编者注

（二）人工繁殖

1. 产卵前的准备

当春季水温连续 3 天高于 18 ℃、未来 10 天以上没有冷空气带来的降温的时候（温室内培育可忽略此项，但如果在室外育苗则应注意），即可将经过选择的亲鱼按 1∶1 的雌、雄比例放入产卵池中，辅以晒背、微流水刺激，以促其发情产卵。每平方米可放养 2～5 尾。

2. 人工催产

选择成熟度好的亲鱼，即雌鱼腹部膨大，卵巢轮廓明显，腹部软而富有弹性，泄殖孔稍凸、微红；雄鱼胸鳍、腹鳍具追星，手感粗糙，轻压腹部泄殖孔有乳白色精液流出。

一般雌鱼每千克体重使用绒毛膜促性腺激素 400～1 200 国际单位，或促黄体素释放激素类似物 2～5 微克，或鲤鱼脑垂体 2～5 毫克，或 2～3 种催产药物合用。雄鱼的使用剂量减半。

3. 产卵

（1）自然产卵　注射催产剂后的雌、雄亲鱼单独培育或按 1∶1 的比例放入混合产卵池。加注新水、流水刺激有利亲鱼发情产卵。水温为 16～24 ℃时，效应时间 8～16 小时即可开始自然产卵。鱼巢应在催产的晚上放入产卵池。经常观察产卵情况，及时将附卵均匀、有一定密度的鱼巢移入孵化池，同时补充新鱼巢。

（2）人工授精　将近于发情的雌性亲鱼捕起麻醉（MS-222 或丁香酚），一人把住头部，用手堵住生殖孔，防止卵流出。另一人握住尾柄，用干毛巾轻轻拭去鱼体表的水分，用手挤压雌鱼的腹部将卵挤入干净无水分的器皿内（油性的塑料盆或者瓷盆），每次操作 2～3 尾，收集 20 万～40 万粒卵。然后用同样的方法挤出雄性亲鱼的精液于鱼卵之上（或先挤在器皿中再用吸管吸取精液，滴在卵上）。加少量生理盐水后用羽毛轻轻搅拌 10～20 秒，以使精、卵充分接触。可将受精卵均匀洒在孵化网上，受精卵依靠自身的黏性附着在网上，将孵化网放入水泥池中孵化；也可将受精卵脱黏后放入流水孵化设施中孵化。

4. 鱼苗孵化

受精卵孵化水温以 20～25 ℃为宜。鱼卵孵化方式包括鱼巢静水孵化和脱黏流水孵化。

（1）鱼巢静水孵化　采用水泥池自然孵化时，水泥池应设进、出水口，能 24 小时不间断供水，配备充气增氧装置（一般可用涡轮鼓风机）。孵化时，可将黏附卵的鱼巢没入孵化池水中孵化，放卵 10 万～15 万粒/米^3。保持水中溶解氧 5 毫克/升以上，孵化水温度在 18～25 ℃，pH 为 6.5～8.0。每天用水霉净浸泡孵化网（鱼巢）30分钟，防止水霉病。孵化过程每天换水1/4～1/3。

（2）脱黏流水孵化　采用孵化桶流水孵化时，一般每50千克水可放卵4万～5万粒，卵在桶内翻动至孵化桶罩下口为宜。每分钟水的流量为7.6～13.2千克。管理工作：需经常洗刷桶罩和调节水流流速，特别是鱼苗刚出膜时要防止漫溢及漏苗的现象。采用孵化环道流水孵化时，密度90万～150万粒/米^3，水流速为25.13米/分钟，其间要经常洗刷过滤设备，不断调节水流流速，保持卵在水中浮动。

待鱼苗平游、卵黄囊未消失时用专用水花拉网集鱼，将鱼移入水花网箱中，计量销售，或放入鱼苗池培育。收集方法：可用100目筛绢拉网收集，也可从排水口用集苗箱接苗。

（三）苗种培育

1. 鱼苗培育

（1）鱼苗池条件　水源充足，水质良好，排灌方便。面积在2～6亩为宜。池形以正方形为宜，池底平坦，淤泥厚度不超过15厘米。鱼苗入池前5～10天，需用生石灰或漂白粉进行彻底清塘消毒。注水后，施入基肥培养饵料生物，待池水逐渐变成茶褐色或淡绿色，且小型轮虫数量充足，即可将鱼苗下塘。

（2）鱼卵、鱼苗放养　鱼卵的放养可在施基肥培水后的2～3天。放卵密度一般为每个卵巢100万粒，将着卵的卵巢固定在池塘背风处。鱼苗的放养一般在施肥后5～7天（天气晴好，鱼苗可口的轮虫出现旺盛繁殖期）。初期每亩放30万尾鱼苗；15天后体长达1.7 cm时进行提大留小，分塘饲养或出售。若每亩放养10万尾左右，18天即可长到2.7～3.3厘米长。一般夏花出塘规格要求体长能达到3.3厘米以上。

（3）饲养管理　鱼苗下塘3～5小时后，开始第一次投喂，以后每天8:00—10:00和14:00—16:00各投喂1次。泼洒豆浆要求浆滴细小，泼洒均匀。前4天每亩水面每天泼洒3～4千克黄豆磨成的浆。5～6天后每天的黄豆用量可增加到5～6千克。10天以后还可在池边浅水处增投豆饼糊等，以供鱼苗摄食，投喂量为每天每亩用干豆饼2～4千克。如果池水过肥或遇闷热天及阴雨天，可适当少喂或停喂。

2. 鱼种培育

（1）鱼种培育池　池塘面积宜为6～15亩，水深1.5～3.0米。放苗前池塘需要平整和消毒，并施肥、注水。乌仔、夏花鱼种需摄食大型浮游动物，因此要肥水下塘。

（2）仔鱼放养　放养尽可能提早，以延长鱼种生长期，放养密度因不同地区对苗种规格的需求而不同，一般为0.4万～1.7万尾/亩。

(3) 饲养管理　投喂含蛋白质32%以上的颗粒饲料，饲料的粒径必须随鱼的生长发育逐步调整，做到适口。日投喂量为鱼体重的5%～12%，但要根据天气、水温和鱼摄食情况灵活调整。每天早晚巡塘，观察水质、鱼苗生长情况等，及时调节水质和投喂量，在7—9月生长高峰期依水质状况换水2～15次，每次20～30厘米。密度较大的池塘晴天中午使用增氧机增氧。

三、健康养殖技术

（一）健康养殖（生态养殖）模式和配套技术

1. 池塘条件

适宜池塘面积5～15亩，池塘水深2～3.5米。放养鱼种前应做好池塘的维修、清整、消毒、进水和试水等工作。

2. 鱼种放养

放养规格和密度依当地市场所需（包括预期达到的成鱼产量指标、商品鱼规格）及生产的实际条件而定。以投喂配合颗粒饲料主养豫选黄河鲤2号时，放养密度按下面公式计算（其中鲢∶鳙=4∶1）：

黄河鲤鱼种放养密度（尾/亩）=预计每亩毛产量（千克）/[计划成鱼规格（千克/尾）×估计成活率]

鲢、鳙鱼种放养密度（尾/亩）=预计黄河鲤每亩毛产量（千克）×20%/[预计鲢、鳙成鱼规格（千克/尾）×估计成活率]

3. 养殖模式及饲养管理

以投喂配合饲料主养黄河鲤时，应采用驯化投饲方法。当水温达到12℃以上时，需要每天投饲；水温在12～22℃时，每天投饲1～2次；水温在23℃以上时，每天投饲2～4次。投饲量应根据天气、水色、鱼的活动及摄食情况酌情增减。

日参考投饲量=吃食鱼总重量×相应水温、鲤规格下的参考投饵率

疾病防治坚持“预防为主、防治结合”的原则，经常观察鱼的生长情况，判断饲养效果，调节投饲量。根据池塘水质情况及时采取增氧、注水、泼洒水质改良剂或微生态制剂调节水质。定期检查鱼的生长情况，如发现鱼病，应及时采取防治措施。

（二）主要病害防治方法

坚持以预防为主：鱼种放养前，彻底清塘消毒；鱼种入池前应检疫、消毒；饲养过程中应注意保持环境清洁、卫生；拉网操作要小心，避免鱼体

受伤。

发现鱼病应及时检查确诊，对症下药。药物的使用应符合《水产养殖用药明白纸》的要求。

1. 鲤浮肿病（鲤昏睡病、急性烂鳃病）

【临床症状】病鲤上浮、聚堆游边或呈昏睡状，眼睛凹陷，鱼种阶段有时出现全身浮肿，低温期体表和鳃黏液增多，多数病鲤鳃丝局部严重溃烂，个别鱼体表、内脏器官出血。冬季发病时，发病鲤晴天在下风口上浮、聚堆，在水面漫游或停滞，体表有灰白色黏液。

【治疗方法】疑似发生鲤浮肿病时，应立即停止投饲，多开增氧机，可加水，不宜换水，避免鱼产生新的应激，造成病情加重及蔓延。死鱼应深埋，做无害化处理。当病情有所缓解、死鱼显著减少后，逐渐恢复投饲，饲料中可拌入芪参散或维生素C，恢复鲤的抗病力；同时用聚维酮碘溶液消毒水体，使水体中聚维酮碘（PVP-I）浓度达到0.1～0.2克/米^3，隔日一次，连用2次。要注意控制投饲量，不可增料过快。待水温升至28℃以上（春夏），或下降至23℃以下（夏秋），且病情明显好转后，才可转入正常养殖生产。

2. 鲤肠炎病

【临床症状】病鲤食欲降低，行动缓慢，常离群独游，体发黑或体色减退，腹部膨大，肛门外突红肿。剖检可见肠壁局部充血发炎，肠内无食物，黏液较多。发病后期，全肠呈红色，肠壁弹性差，充满黄红色黏液。

【治疗方法】内服、外消相结合。内服可用硫酸新霉素粉和氟苯尼考粉联合拌饵投喂：硫酸新霉素粉以新霉素计，一次用量为每千克鱼体重10毫克；氟苯尼考粉以氟苯尼考计，一次用量为每千克鱼体重15毫克。每日1次，连用3～5天。外消可用氯制剂等，氯制剂以有效氯计，用量为使水体中有效氯浓度达到0.1克/米^3，拌饵投喂前和结束后，各消毒1次。

四、育种和苗种供应单位

（一）育种单位

1. 河南省水产科学研究院

地址和邮编：河南省郑州市惠济区江山路48号，450044

联系人：冯建新

电话：13938515698

2. 厦门大学

地址和邮编：福建省厦门市翔安区翔安南路4221号周隆泉楼，361102

联系人：徐鹏

电话：15659803026

3. 中国水产科学研究院渔业工程研究所

地址和邮编：北京市丰台区永定路南青塔 150 号，100141

联系人：许建

电话：13439704510

（二）苗种供应单位

河南省水产科学研究院

地址和邮编：河南省郑州市惠济区江山路 48 号，450044

联系人：冯建新

五、编写人员名单

冯建新、徐鹏、王延晖、张芹、许建、屈长义、陈琳、周晓林、王冰柯

草鱼“沪苏1号”

一、品种概况

（一）培育背景

草鱼（*Ctenopharyngodon idella*）是我国“四大家鱼”之一，是典型的草食性淡水鱼类。草鱼自然分布于我国长江、珠江和黑龙江流域，主要栖息于平原地区的江河湖泊，一般喜居于水的中下层和近岸多水草区域。我国在唐朝即有养殖草鱼的记载，距今已有1 000多年的历史。20世纪50年代前，一直以捕捞大江大河天然苗种进行草鱼养殖，自草鱼人工繁殖突破后，实现了规模化苗种繁育，草鱼养殖产业飞速发展。自2007年，草鱼养殖产量超过鲤，成为我国养殖产量最高的鱼类。同时，草鱼也是世界第一大养殖鱼类，世界上超过80个国家和地区先后引进了草鱼。

2023年全国草鱼养殖产量达594.1万吨，占我国淡水养殖产量的近18%，其中广东、湖北的养殖产量超过80万吨。尽管草鱼在我国养殖范围广、养殖产量高，但由于草鱼性成熟时间长、亲本保种效益低，许多苗种繁育场在生产中不注重种的质量问题，人工繁殖过程中忽视亲本的质量和有效繁育群体大小，小群体近亲繁殖和代系间近交、逆向选择现象突出，从而引起苗种质量、生长速度、抗病能力、繁殖率等经济性状衰退。草鱼养殖周期一般为2年，很难1年养成，导致养殖效益不高，影响了渔民养殖的积极性，这也是制约草鱼养殖产业高质量发展的主要因素。

（二）育种过程

1. 亲本来源

2004年底，从国家级江苏邗江长江四大家鱼原种场收集规格5千克/尾以上的草鱼长江系野生亲本210尾（雌、雄各105尾），活水车运输到吴江市水产养殖有限公司（现苏州市申航生态科技发展股份有限公司）长漾基地，作为基础群体。

2. 技术路线

草鱼“沪苏1号”培育技术路线见图1。

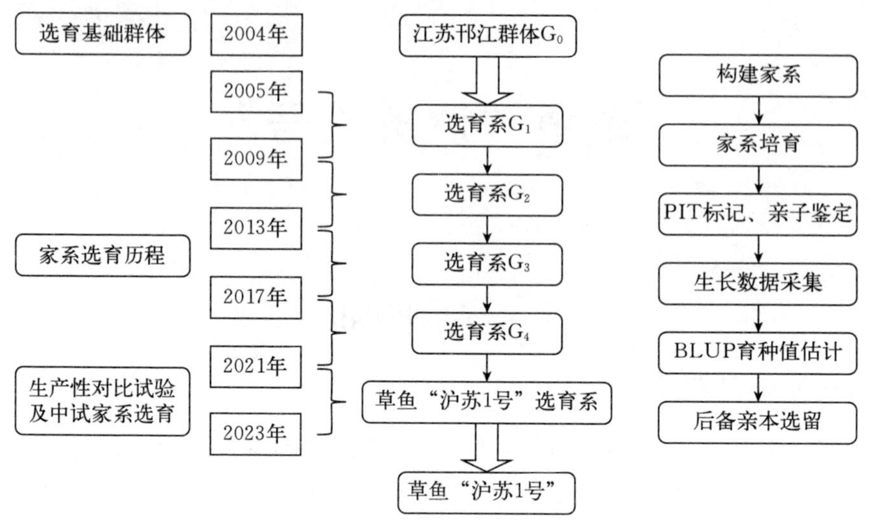

图1　草鱼“沪苏1号”培育技术路线

3. 选育过程

自2004年，以体重为选育目标，采用家系选育技术，经过连续4代选育而成。为缩短草鱼选育周期，在每代培育的前3年，通过专用塑料温室大棚越冬强化培育3个多月，使选育系草鱼在第4年全部达到性成熟。

（1）第一代家系建立与选育　2005—2009年，根据微卫星标记估算210尾基础群体各亲本间遗传距离，按照遗传距离较远的原则建立第一代全同胞家系100个；饲养后草鱼82个选育家系有效，采用ASREML软件对82个家系3 384尾个体估算选育家系和家系内每尾鱼育种值（EBV）并按照大小排序，从草鱼82个选育家系中，选留育种值排名靠前的优秀家系60个。从育种值排名最靠前的10个家系中每个家系挑选出生长快和活力强的亲本7尾，合计70尾（雌、雄各35尾）；从育种值排名第11至第30的家系中每个家系挑选出亲本4尾（雌、雄各2尾），合计80尾；从育种值排名最后的30个家系中每个家系挑选出亲本2尾（雌、雄各1尾），合计60尾。共计挑选出草鱼选育系亲本210尾（雌、雄各105尾）作为G_1亲本群体。G_1 1龄个体体重比基础群体G_0提高9.8%，G_1 2龄个体体重比基础群体G_0提高8.7%。

（2）第二代家系建立与选育　2009—2013年，按照草鱼雌鱼和雄鱼不是来自同一家系的要求，对210尾G_1亲本群体构建了第二代全同胞家系100个；饲养后草鱼95个选育家系有效，采用ASREML软件对95个选育家系4 256尾个体估算选育家系和家系内每尾鱼育种值（EBV）并按照大小排序，选留育种值高的草鱼优秀家系60个。采用与第一代家系选育相同的方法，共计挑选出草鱼选育系亲本210尾（雌、雄各105尾）作为G_2亲本群体。G_2 1龄个体体重比G_1提高7.6%，G_2 2龄个体体重比G_1提高6.8%。

(3) 第三代家系建立与选育　2013—2017 年，按照草鱼雌鱼和雄鱼不是来自同一家系的要求，将 210 尾 G_2 亲本群体分成 4 个繁殖群，每个草鱼繁殖群 50 尾（雌、雄各 25 尾），采用群体繁殖构建 4 个草鱼混合家系；采用 ASREML 软件估算草鱼选育系每尾鱼的育种值（EBV）并按照育种值大小和家系进行排序，按照选留育种值最高家系的要求，每个繁殖群选留育种值排名靠前的全同胞家系 15 个，4 个繁殖群共筛选出育种值高的第三代草鱼优秀家系 60 个。采用与第一代家系选育相同的方法，共计挑选出草鱼选育系亲本 210 尾（雌、雄各 105 尾）作为 G_3 亲本群体。G_3 1 龄个体体重比 G_2 提高 7.1%，G_3 2 龄个体体重比 G_2 提高 5.9%。

(4) 第四代家系建立与选育　2017—2021 年，按照草鱼雌鱼和雄鱼来自不同繁殖群的要求，将 210 尾 G_3 亲本群体人工配成 4 个繁殖群，每个草鱼繁殖群 50 尾（雌、雄各 25 尾），获得第四代草鱼选育系 4 个混合家系，对草鱼 4 个繁殖群共 4 876 尾回建家系，筛选出育种值高的优秀家系 60 个。采用与第一代家系选育相同的方法，共计挑选出草鱼选育系亲本 210 尾（雌、雄各 105 尾）建立 G_4 亲本群体。G_4 1 龄个体体重比 G_3 提高 5.5%，G_4 2 龄个体体重比 G_3 提高 5.1%。将 G_4 亲本群体命名为草鱼“沪苏 1 号”。

（三）品种特性和中试情况

1. 品种特性

草鱼“沪苏 1 号”具有生长速度快的优点。在相同的养殖条件下，与未经选育的草鱼相比，草鱼“沪苏 1 号”2 龄体重提高 19.7%。适宜在全国人工可控的淡水水体中养殖。

2. 中试情况

2021—2023 年，在江苏进行了池塘养殖模式的小试养殖试验，并在草鱼主养区江苏省、安徽省和江西省共 6 个试验点，连续 2 年开展草鱼“沪苏 1 号”与当地养殖草鱼的生产性对比试验，累计池塘养殖面积 1 014 亩和水泥池养殖面积 1 200 米^2。试验结果表明，草鱼“沪苏 1 号”生长性状能够稳定遗传。与未经选育的草鱼相比，草鱼“沪苏 1 号”2 龄体重提高 19.7%，成活率提高 11.8%，增产效果明显。

二、人工繁殖技术

（一）亲本选择与培育

1. 亲本选择

草鱼“沪苏 1 号”亲本来源于上海海洋大学育种基地，苗种繁育场应从育种单位引进。亲本要求 5 龄及以上，体重 5 千克以上。体形、体色正常，体质健康，无疾病，无伤残和畸形。

2. 亲本培育

(1) 培育环境　草鱼“沪苏 1 号”亲本一般采用池塘专养培育。水源水质优良，进、排水便利。池塘以面积 5 亩、水深 2 米左右为宜。

(2) 饲养管理　草鱼“沪苏 1 号”亲鱼按照 15～20 尾/亩的密度放养，雌雄比例 1∶(1～1.5)。亲鱼的饲养以青草饲料为主、精饲料为辅。秋冬季节主要投喂豆饼、菜饼，日投喂量控制在在塘亲鱼体重的 2%～3%。春夏季节投饲以青草饲料和精饲料为主，特别是开春后以青草饲料为主，精饲料为辅。日投喂量：青饲料占鱼体重的 20%，精饲料占鱼体重的 2%～3%。产前 1 个月内，每周冲水 1 次；产前 10～15 天内，每天冲水 0.5～1.0 小时，以促进性腺发育。适时换水，每次换水量不超过 10%。保持水体透明度 30～40 厘米，溶解氧 5 毫克/升以上。

(二) 人工繁殖

1. 人工催产

在繁殖季节，水温稳定在 18 ℃以上时，进行人工催产。产卵池面积一般 60～100 米^2，可放 10～15 组亲鱼。催产剂采用促黄体素释放激素类似物 (LHR-A_3) 与地欧酮 (DOM) 混合使用，雌鱼每千克体重注射 LHR-A_3 10～15 微克+DOM 3～5 微克，雄鱼剂量减半。雌鱼采用一针或两针注射方式，一针注射方式为一次性注射全部剂量；两针注射方式为第一针注射总剂量的 1/5，间隔 8～10 小时后，第二针注射剩余剂量。催产后将雌、雄鱼置于同一产卵池内，用流水刺激，在效应时间到达前 1～2 小时加大水流量（水温 20～24 ℃时，效应时间为 8～12 小时）。

2. 受精

可采用自然受精和人工授精两种方式。自然受精即在人工催产后，亲本在产卵池内自行交配，产出的精、卵在水中自行结合受精。人工授精需要根据效应时间，及时取卵、取精，一般采用干法人工授精：轻压亲鱼腹部收集精、卵于干燥容器中，将精、卵混匀后，加水充分搅拌，即完成人工授精。

3. 鱼苗孵化

草鱼“沪苏 1 号”受精卵为漂浮性卵。将受精卵放在孵化桶或孵化环道中进行孵化，每立方米水体放受精卵 100 万～200 万粒，采用流水孵化，水流速度以底部受精卵能够被冲起为准。孵化出膜时，可适当调小水流速度。孵化水温 22～28 ℃、溶解氧大于 5 毫克/升为宜。

（三）苗种培育

1. 鱼苗培育

（1）鱼苗池准备　草鱼“沪苏1号”鱼苗培育多采用土池发塘。鱼苗下塘前5～10天，每亩用生石灰90～100千克彻底清塘消毒；清塘后施基肥，每亩施发酵粪肥3.5～4.5千克，目的是培育轮虫作为鱼苗下塘后的生物饵料。

（2）鱼苗放养　鱼苗培育一般采用单养，放养密度10万～15万尾/亩，一次放足。盛装鱼苗的容器中的水温与孵化池水温相差不超过3℃，如果温差过大，必须缓慢调节盛装鱼苗的容器中的水温，使之接近池水温度。

（3）饲养管理　采用投喂豆浆为主的培育方法，放养后第1周，每天用2～3千克黄豆磨成豆浆，分2次投喂；第2周起，每天黄豆用量增至3～4千克，分2次投喂；第3周开始，在池塘周围浅水区增放豆饼糊等。鱼苗下池时水深为50～60厘米，以后每隔3～5天注水一次，每次注水15～20厘米，培育期间共加水3～4次，最后加至最高水位1.2～1.5米。培育至2.5～3厘米，进行拉网锻炼，准备分塘，降低密度。

2. 鱼种培育

（1）鱼种池准备　鱼种池与鱼苗池采用同样的方法清塘消毒。

（2）鱼种放养　草鱼“沪苏1号”鱼种分单养和混养两种方式，通常采用单养。混养品种一般为鲢、鳙和鲫等，主养草鱼“沪苏1号”要比混养鱼早放养15～20天。鱼种下塘前用3%～4%的食盐水浸泡5分钟，放养夏花鱼种密度为5 000～8 000尾/亩。

（3）饲养管理　投喂蛋白含量为29%～32%的颗粒饲料，日投饵量为每万尾鱼0.5～1.0千克，每天投喂2次。必须根据鱼种的个体大小，选择适口的相应鱼种的配合饲料。通常每15天注水1次，每次注水15～20厘米，水深保持2米左右。每天早晚巡塘，观察鱼种是否浮头，发现浮头及时增氧。

三、健康养殖技术

（一）健康养殖（生态养殖）模式和配套技术

草鱼“沪苏1号”以池塘养殖为主。

1. 池塘条件

池塘面积一般为6～30亩，水深2～3.5米，水源要充足，水质要良好。放鱼种前池塘需清整和消毒。

2. 鱼种放养

草鱼“沪苏1号”成鱼分单养和混养两种方式，通常采用单养。采用同池混养，主养鱼比混养鱼早放养 15～20 天。放养规格、密度应依当地市场所需（包括预期达到的成鱼产量指标、商品鱼的规格）及生产的实际条件而定。鱼种放养规格大小一致，一般为 50～150 克/尾。规格小、放养密度高的鱼种在养殖过程中要适时做分塘处理。通常鱼种放养密度为 500～1 000 尾/亩，混养规格为 40～50 克/尾的鲢、鳙鱼种 200 尾。

3. 养殖模式及饲养管理

草鱼“沪苏 1 号”应以单养为主。投饲遵循少量多次、均匀投喂的原则。投喂蛋白含量为 20%～26%的草鱼专用全价人工配合饲料，日投喂量一般掌握在鱼体重的 1%～3%，可根据水温的高低调节日投喂量，在 20～32 ℃，每天投喂 2～4 次，每次投喂时间为 15～20 分钟，以投喂后 15 分钟吃完为宜。投喂饲料 30 分钟后增大曝气量。投喂应坚持定时、定点、定质、定量的“四定”原则。日常管理要做到经常巡塘，一般每天早、中、晚巡塘三次，观察鱼的生长情况，判断饲养效果，调节投喂量；经常适量加注新水调节水质，每次注水 20～30 厘米。如发现鱼病，应及时采取防治措施。

（二）主要病害防治方法

1. 草鱼出血病

【病因及症状】由草鱼呼肠孤病毒引起。病鱼的口腔、下颚、鳃盖、脑盖、眼眶周围、鳍条基部以及腹部都表现为出血。剥去病鱼的皮肤，可见肌肉点状或斑状出血。

【流行季节】通常在 4—5 月开始流行，7—8 月为发病高峰期，最适流行水温 27～30 ℃。从感染到发病需 4～15 天。

【防治方法】目前尚无有效的治疗方法，但可通过浸泡或腹腔注射 GCRV 疫苗进行免疫预防。

2. 细菌性肠炎病

【病因及症状】由点状气单胞菌引起。患病鱼离群独游、游动缓慢、体色发黑、食欲减退以至完全不吃食等。

【流行季节】4—9 月为草鱼肠炎的发病季节。

【防治方法】用漂白粉 1 毫克/升或生石灰 20～30 毫克/升全池泼洒。

3. 赤皮病

【病因及症状】由荧光假单胞菌引起。病鱼头部颜色明显变深，体表出血发炎，鳞片脱落，尤以鱼体两侧及腹部最为明显。

【流行季节】一年四季都有流行，主要发生于 5—9 月以及鱼种放养或捕捞、运输后，北方地区则在越冬后容易暴发。

【防治方法】用漂白粉 1 毫克/升或五倍子 2～4 毫克/升全池泼洒。

4. 细菌性烂鳃病

【病因及症状】由柱状屈挠杆菌引起。患病鱼体色发黑，尤其头部更为暗黑，并出现游动缓慢、呼吸困难、食欲减退。

【流行季节】水温在15～30℃时易流行，水温越高疾病越易暴发流行。

【防治方法】用漂白粉1毫克/升或五倍子2～4毫克/升全池泼洒。

四、育种和苗种供应单位

（一）育种单位

1. 上海海洋大学

地址和邮编：上海市浦东新区沪城环路999号，201306

联系人：沈玉帮

电话：021－61900438

2. 苏州市申航生态科技发展股份有限公司

地址和邮编：江苏省苏州市吴江区平望镇庙头村，215225

联系人：陈起

电话：0512－63661379

3. 广东百容水产良种集团有限公司

地址：广东省佛山市南海区丹灶镇下安村外沙围，528216

联系人：刘冰南

电话：18127806698

4. 南昌神龙渔业开发有限公司

地址和邮编：江西省南昌市南昌县向塘镇黄山村，330201

联系人：龚循武

电话：13970924598

5. 广州观星农业科技有限公司

地址和邮编：广东省广州市黄埔区香雪大道中85号705房，510799

联系人：雷小婷

电话：13570417059

6. 滁州市福家水产养殖有限公司

地址和邮编：安徽省滁州市南谯区乌衣镇黄圩街道，239001

联系人：史家付

电话：13855026252

7. 江苏坤泰农业发展有限公司

地址和邮编：江苏省南京市建邺区万达中心A座1210室，210000

联系人：姜伟

电话：13770768666

8. 微山县南四湖渔业有限公司

地址和邮编：山东省济宁市微山县昭阳街道办事处刘昌庄村南 1 公里，277600

联系人：牟长军

电话：13805474576

（二）苗种供应单位

1. 上海海洋大学

地址和邮编：上海市浦东新区沪城环路 999 号，201306

联系人：沈玉帮

电话：021－61900438

2. 苏州市申航生态科技发展股份有限公司有限公司

地址和邮编：江苏省苏州市吴江区平望镇庙头村，215225

联系人：陈起

电话：0512－63661379

五、编写人员名单

李家乐、沈玉帮、王荣泉、戴银根、徐晓雁等

翘嘴鳜“华康 2 号”

一、品种概况

（一）培育背景

翘嘴鳜隶属于鲈形目、鳜亚科、鳜属，简称鳜，是鳜属鱼类中体型最大、生长最快的一种，地方名：桂鱼、桂花鱼、季花鱼等。翘嘴鳜主要原产于湖北，但引种到珠江三角洲地区后，依靠引进东南亚热带地区麦鲮作为翘嘴鳜养殖的活饵料鱼，使翘嘴鳜人工养殖在当地得到了迅速发展，很快在这一地区形成了以池塘养殖为主体的规模化养殖。《2023 中国渔业统计年鉴》显示，2022 年我国鳜养殖总产量为 40.1 万吨。

长期以来，活饵料养殖鳜面临着高昂的养殖成本以及病害防控和水质调节的巨大压力，这在一定程度上制约了我国鳜养殖产业的高质量发展。近年来，我国在鳜人工配合饲料技术方面取得了多项突破，鳜苗种驯化技术日趋成熟，为鳜的饲料养殖奠定了坚实基础。与传统的养殖模式相比，饲料养殖鳜具有养殖成本低、节约水面、病毒感染风险低等优势，并且饲料供应在稳定性和安全性方面比活饵料更有保障。然而，目前市面上的饲料养殖鳜苗种存在生长速度慢、生长速度不均、优质苗种供应不足等问题。因此，解决饲料养殖鳜优良苗种供应问题是鳜养殖产业升级发展的关键。翘嘴鳜“华康 2 号”是以饲料养殖条件下的生长速度为选育指标，通过连续 4 代选育得到的鳜新品种，可满足鳜饲料养殖产业对饲料养殖鳜苗种的需求。

（二）育种过程

1. 亲本来源

2014 年从黑龙江黑河段收集体形标准、健康无病、体重大于 0.75 千克的野生翘嘴鳜 641 尾，2015 年按照相同的标准从华中农业大学鳜鱼育种基地收集翘嘴鳜“华康 1 号”1 040 尾，共计 1 681 尾构建选育基础群体。

2. 技术路线

翘嘴鳜“华康 2 号”培育技术路线如图 1 所示。

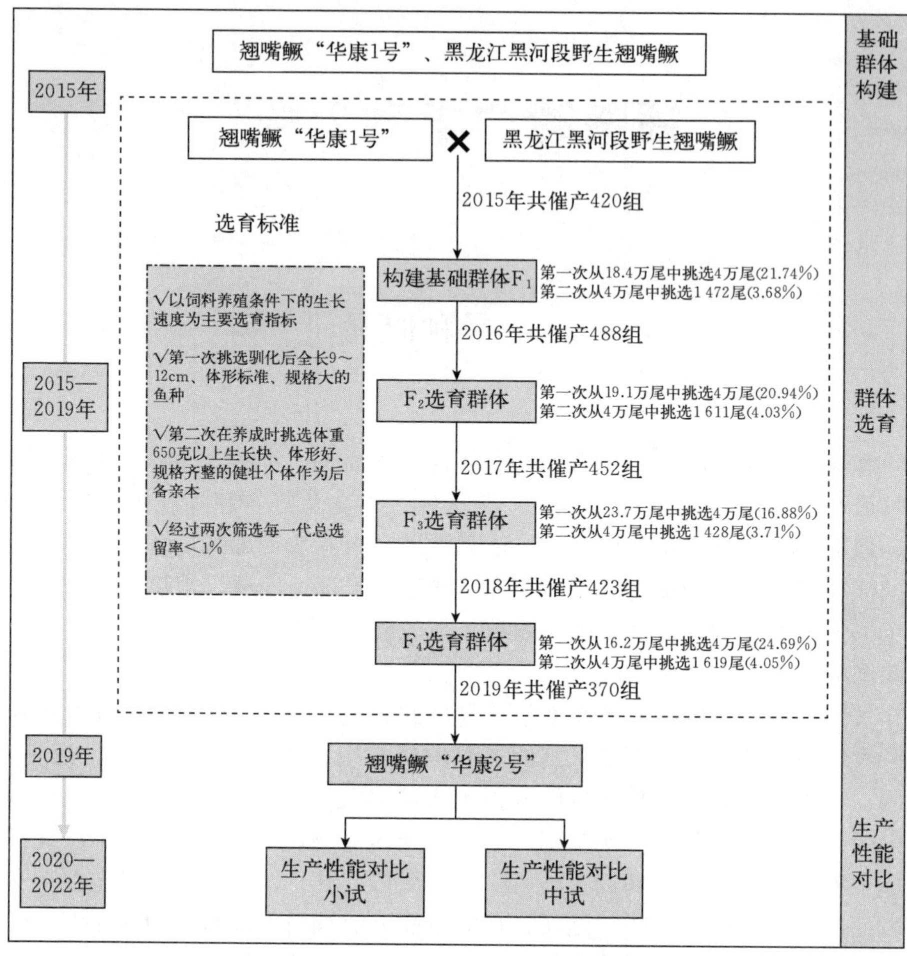

图1　翘嘴鳜“华康2号”培育技术路线

3. 培（选）育过程

2015年5月，在武汉市鑫鳜源生态农业科技有限公司利用“华康1号”和黑龙江黑河段野生翘嘴鳜进行繁殖，共催产420组。繁殖后，挑选出仔鱼进行公分苗养成。6月将养成的体长5～7厘米鱼种进行驯化。驯化后，挑选出4万尾体长9～12厘米的鱼种，分配到16个网箱中，每个网箱2 500尾，进行饲料鳜成鱼养殖。另外，选择3个网箱进行“华康1号”的对比试验，每个网箱放入2 500尾驯化后的鱼种。养殖过程中，从每个网箱随机挑选100尾鱼测量初始体重、中期体重和收获体重。在16个网箱中，根据体型大小和生长速度，挑选出1 472尾体重大于650克的健壮个体作为F_1后备亲本。

2016年5月，在武汉市鑫鳜源生态农业科技有限公司利用F_1保种的1 472尾亲鱼进行繁殖，共催产488组。之后，进行与F_1相同的操作。最终在

16个网箱中，根据体型大小和生长速度，挑选出1 611尾体重大于650克的健壮个体作为F_2后备亲本。

2017年5月，在武汉市鑫鳜源生态农业科技有限公司利用1 611尾F_2保种亲鱼进行繁殖，共催产452组。之后，进行与F_1相同的操作。最终在16个网箱中，根据体型大小和生长速度，挑选出1 428尾体重大于650克的健壮个体作为F_3后备亲本。

2018年5月，在武汉市鑫鳜源生态农业科技有限公司利用1 428尾F_3保种亲鱼进行繁殖，共催产423组。之后，进行与F_1相同的操作。最终在16个网箱中根据体型大小和生长速度，挑选1 619尾体重大于650克的健壮个体作为F_4后备亲本。

2019年5月中旬，在武汉市鑫鳜源生态农业科技有限公司利用经过四代选育的1 619尾F_4保种亲鱼进行繁殖，采用人工方法催产370组。之后，进行与F_1相同的操作。最终，根据体型大小和生长速度，获得了饲料养殖条件下生长快、遗传稳定的优良品系——翘嘴鳜“华康2号”。

（三）品种特性和中试情况

1. 品种特性

翘嘴鳜“华康2号”是以饲料养殖条件下的生长速度为目标性状，采用群体选育技术，经连续4代选育而成。在相同饲料养殖条件下，与翘嘴鳜“华康1号”相比，6月龄商品翘嘴鳜“华康2号”生长速度平均提高15.74%，适宜在我国水温22～30℃的人工可控的淡水水体中养殖。

2. 中试情况

2020—2022年，在湖北仙桃、赤壁及江西鄱阳、余干养殖区共4个试验点进行中试养殖，选取仙桃金龙园生态养殖有限公司、赤壁市海汇水产养殖专业合作社、鄱阳县乐安特种水产开发有限公司、余干县鹭鸶港特种水产繁育场，连续3年开展翘嘴鳜“华康2号”与翘嘴鳜“华康1号”完整周期的饲料养殖生产性对比试验，累计试验面积1 710亩。试验结果表明，在相同饲料养殖条件下，与翘嘴鳜“华康1号”相比，6月龄商品翘嘴鳜“华康2号”生长速度平均提高17.19%～19.11%，适宜在我国水温22～30℃的人工可控的淡水水体中养殖。

二、人工繁殖技术

（一）亲本选择与培育

1. 亲本选择

翘嘴鳜“华康2号”新品种亲鱼保存在特定的良种保存基地，繁殖亲鱼的体重应该在 0.75 千克/尾以上，严禁苗种生产场将自行繁殖的后代作为亲鱼使用。

2. 亲本培育

（1）培育环境　鱼池水深 1.5～2 米，面积 2～3 亩，池底平坦，水源充足，水质良好，进、排水方便，通风透光。鱼池选好后，要清塘消毒，注入新水。

（2）饲养管理　巡塘：早晚各巡塘 1 次，观察池水水色、透明度。严防缺氧浮头，观察亲鱼活动情况，及时清除病鱼，排除异常情况。投喂：由于鳜亲鱼个体较大，投喂的饵料鱼规格也大，体长在 10～25 厘米，日投喂量为亲鱼体重的 5%～8%，一般每隔 3～5 天向养殖池投放饵料鱼 1 次，投喂数量要根据养殖池中现有饵料鱼的数量加以调整。

（二）人工繁殖

1. 雌雄鉴别

雌性翘嘴鳜：下颌前端呈圆弧形，略超过上颌；在肛门之后的白色圆柱状生殖凸起上有 2 个孔，分别为生殖孔和泌尿孔，生殖孔开口于凸起中间，泌尿孔开口于生殖凸起顶端。雄性翘嘴鳜：下颌前端呈三角形，超过上颌很多，生殖孔和泌尿孔合为一孔（泄殖孔），开孔于生殖凸起的顶端。

2. 催产亲鱼的选择

根据外观特征进行亲鱼选择：将雌鱼腹部朝上，选择卵巢轮廓明显、生殖孔和肛门稍红、稍突出的鱼作为亲鱼；轻轻挤压雄鱼精巢，选择有白色精液流出、入水精液会自然散开的鱼为亲鱼。另外，选择个体大的亲本进行催产，特别是雌性个体，个体越大，其怀卵量越多、卵粒越大，孵化出的鱼苗个体也就较大，开食后更容易捕获饵料鱼，这有利于提高翘嘴鳜鱼苗成活率。催产亲鱼须体质健壮、无病、无伤，年龄 1～2 龄，体重 0.75 千克以上。

3. 繁育

（1）催产季节　翘嘴鳜一般在 4 月底卵巢发育至Ⅳ期，5 月初即可催产。翘嘴鳜在可催产时应及时催产，避免因经常受到拉网惊扰而造成性腺退化，最终导致催产失败。

（2）催产剂种类和剂量　催产剂有 PG、HCG、DOM、LHRH－A_2 等，每千克雌鱼用量：第一针用 PG 2 毫克＋HCG 800 国际单位＋LHRH－A_2 5～10 微克；或 DOM 5 毫克＋LHRH－A_2 100 微克；第二针用 LHRH－A_2 10 微克＋HCG 1 000 国际单位。以上催产剂用生理盐水制成悬浊液，随配随用。雄鱼用量减半。

（3）注射方法　翘嘴鳜的人工催产可采用一针注射，也可采用两针注射，两针注射的针距为 12～24 小时，方法同家鱼人工繁殖。

(4) 效应时间　翘嘴鳜注射后效应时间的长短与水温、注射催产剂种类、注射次数、亲鱼年龄、性腺成熟度以及产卵环境条件等有密切的关系，其中，最重要的因素是水温和注射次数。如采用一针注射，当水温 18～19 ℃时，效应时间为 38～40 小时；当水温 32～33 ℃时，效应时间为 22～24 小时。如采用两针注射，当水温在 20.2～26.0 ℃时，效应时间为 16～20 小时；当水温在 23.4～27.8 ℃时，效应时间为 6～8 小时。

(5) 受精　亲鱼注射催产剂后，即将雌、雄鱼配组放入圆形产卵池，密度为 2～4 千克/米^2。受精可采用自然受精和人工授精。

自然受精：亲鱼在催产剂的作用下，加上在产卵池内定时冲水的刺激，一般 10 小时以后开始发情、产卵，到了发情高峰时，雌鱼产卵，雄鱼射精，精卵结合形成受精卵。受精后约 15 分钟进行收卵，即一面排水、一面不断冲水使卵流入集卵箱内，分批取出卵子，收卵工作需及时且快速，以免大量鱼卵积压池底时间过长而窒息死亡。还需适时收集受精卵进行漂洗，除去杂物、空泡，同时，受精卵需先在 0.3%的福尔马林溶液中浸洗 20 分钟，再用 0.5%～0.7%的食盐水浸洗 5 分钟，以防止水霉病的发生。

人工授精：当亲鱼已发情，但还未达到发情高峰时（即翘嘴鳜开始发情之后 15 分钟），立即拉网捕出亲鱼，动作要轻缓，避免亲鱼在过分的刺激下提前产卵。将雌鱼腹部朝上，轻压腹部有卵粒流出时，捂住生殖孔，并将鱼表面的水擦净，然后将鱼腹朝下，轻轻挤压腹部，让卵子流入预先擦干净的瓷盆中，同时立即加入雄鱼精液，用羽毛搅拌 1～2 分钟，使精卵充分混合，然后加入少量清水，再轻轻搅拌一下，静置 1 分钟后就可放入孵化缸中孵化。

(6) 人工孵化　孵化工具有流水孵化桶、孵化缸和孵化环道，一般密度为 50 万～60 万粒/米^2。将处理过的翘嘴鳜受精卵过数后，放入孵化环道中集中孵化，12 小时后计数，统计受精率。孵化用水，要求先进入蓄水池进行一级泥沙沉淀，再经过水质净化设施过滤，然后用水泵送入水塔，保证用水含氧量充足，水质稳定。孵化时，环道用水流速一般控制在 0.2 米/秒左右，使卵翻滚无死角，脱膜时，适当加大水流流速，以便清除卵膜等污物，鱼苗出膜后，减小水流流速，防止跑苗。

污物清除可采用三种方法：一是勤洗过滤筛绢，尤其是脱膜高峰期，每 3～5 小时洗刷 1 次，防止卵膜堵塞网孔，造成水流不畅，使水质变坏；二是转换环道，具体做法是人为控制孵化环道间隔停水，让卵膜和死卵迅速下沉，待鱼苗上浮时，用虹吸管将孵出的翘嘴鳜苗转到调节好水流的新环道内；三是定时控制孵化环道间隔停水，让卵膜和死卵迅速下沉，将细虹吸管放至环道底部，慢慢吸出沉底污物，确保环道内水质清新、溶解氧充足。

(7) 开口饵料的供应　受精卵经 58～68 小时孵化开始脱膜。鱼苗出膜后

90～110 小时卵黄囊会被完全吸收，开始转为外源性营养。应在翘嘴鳜刚出现脱膜时进行团头鲂的繁殖，使团头鲂的出膜时间与翘嘴鳜开口摄食时间同步，确保翘嘴鳜一开口即可食到适口的团头鲂嫩苗，以后定时打样观察饵料鱼的密度及翘嘴鳜鱼苗的摄食情况，及时补充饵料苗，确保饵料苗密度保持在翘嘴鳜鱼苗的 5～6 倍。鱼苗开口后，每隔 3 天繁育一批团头鲂鱼苗作为后续饵料，保证翘嘴鳜有充足的饵料。另外，视情况逐步降低环道水流流速，减少鱼苗的体能消耗。待鱼苗长至 1.5 厘米左右，改投家鱼乌仔，满足翘嘴鳜夏花生长需要。

（三）苗种培育

翘嘴鳜苗种培育，是把即将开口摄食的翘嘴鳜仔鱼分阶段养成 5 厘米的夏花鱼种。一般分为两个阶段，分别采用圆形环道和土塘进行培育。

第一阶段：把开口摄食的鱼苗养成全长 1 厘米的鱼苗，饲养天数为 7～10 天，密度为 20 000 尾/米^3。这一阶段的关键是投足适口的团头鲂、鲫、鲢、鳙等鱼苗，让翘嘴鳜鱼苗开口。投喂饵料鱼苗的数量为翘嘴鳜苗的 5～6 倍。待鱼苗全长达到 1 厘米时，再转至土塘中进行培育。转移时鱼苗要带水过数和带水运输。

第二阶段：把全长 1 厘米的鱼苗养成全长 5 厘米的苗种，饲养天数为 20 天，放养密度为 50 000 尾/亩，投喂饵料鱼苗的数量为翘嘴鳜苗的 300～500 倍。这一阶段的关键是要有足够数量的饵料鱼供翘嘴鳜捕食，饵料鱼还需要提前下塘培育至翘嘴鳜的适口规格。

第三阶段：将全长 5～7 厘米的苗种进行人工饲料驯食，驯食天数为 16～18 天，按照表 1 的流程进行驯化。

表 1　翘嘴鳜人工饲料驯食技术流程

时间	食物及其投喂法	鳜摄食反应
第 1～2 天	停止投喂活饵料鱼	鳜保持饥饿状态，保持较高的摄食欲望
第 3～4 天	将饵料鱼降低活性去投喂鳜	开始投喂时捕食欲望不强烈，摄食时间较长，逐渐可以很快抢食活性降低的饵料鱼
第 5～8 天	用流水冲击死饵料鱼，使其在水面漂动	开始只有部分鳜可以摄食死饵料鱼，逐渐全部鳜都可以抢食死饵料鱼
第 9～11 天	用鳜配合饲料粉包裹死饵料鱼投喂	开始只有部分鳜可以摄食包裹饲料粉的饵料鱼，逐渐全部鳜都可以抢食包裹饲料粉的饵料鱼
第 12～15 天	投喂鳜膨化饲料	开始只有部分鳜缓慢摄食软颗粒饲料，逐渐 95%以上的鳜可以抢食膨化饲料
第 16～18 天	投喂鳜膨化饲料	鳜稳定抢食膨化饲料

三、健康养殖技术

（一）健康养殖模式和配套技术

翘嘴鳜“华康2号”成鱼养殖，适宜在池塘中精养、混养。

1. 池塘精养

池塘精养可以选择活饵料鱼养殖和饲料养殖，二者的重要之处都是要选择体质健康、免疫力强的苗种。

（1）*活饵料鱼养殖* 以活饵料鱼养殖鳜需以专池培育饵料鱼，按养成500克翘嘴鳜成鱼需要消耗2.0～3.0千克饵料鱼的比例配套生产计算，1亩翘嘴鳜养殖池宜配套4亩饵料鱼培育池。饵料鱼的培育可采取高密度生产，以保证饵料鱼在数量上满足要求、规格上达到同步。如发现翘嘴鳜在养殖池边缘捕食饵料鱼，说明养殖池中的饵料鱼已经严重缺乏，需补充投放饵料鱼。

（2）*饲料养殖* 饲料养殖需要选择驯化时间长、摄食饲料稳定的大规格苗种，体重在15～20克，放养密度以5 000尾/亩较为适宜。放苗之前需要先搭建带有冲水装置的投料台，配足增氧设备。饲料养殖鳜的重点是需要在整个养殖过程中做好肝胆及肠道养护，同时要及时镜检，避免寄生虫病暴发。

2. 池塘混养

池塘混养翘嘴鳜时，一般选择在野杂鱼多的成鱼池或亲鱼池中放养，放养密度为30～50尾/亩。翘嘴鳜以野杂鱼为食，既可以起到清野的作用，减少主养鱼类的争食对象，又可以有效利用野杂鱼并将其转化为优质鳜鱼产品。

（二）配套技术

翘嘴鳜对水质要求较高，池水应保持肥、活、嫩、爽，水体透明度30～40厘米，溶解氧4.5毫克/升以上，氨氮和亚硝酸盐含量分别不高于0.2毫克/升和0.1毫克/升。

（1）要定期使用微生物制剂改良水质。每隔15天左右，每亩水面泼洒高浓度光合细菌1～2千克或者活菌酵素1～2千克使鱼塘水体中形成有益微生物的优势种群，抑制有害细菌的生长繁殖，同时，分解和转化水体中的有机物，降低氨氮、亚硝酸盐和硫化氢等，为鳜创造一个良好的生长水环境。

（2）当水体混浊、水质过肥时，要及时泼洒沸石粉沉淀、净化水质，每亩用10～20千克。

（3）应配备增氧机，每亩池塘配备0.4～0.5千瓦。一般情况下，从21:00或22:00至翌日8:00不间断地开启增氧机。天气不良时，中午增开2小时，夜间提早开机，防止翘嘴鳜缺氧浮头。

（4）要勤换水，定期排出部分池水，补充新鲜清水。每次换水为30厘米左右，保持水质清新，使水色呈绿色，水体透明度在30厘米以上，换水应在清晨或晚间进行。

（5）根据水质情况使用生石灰调节水质，每亩池塘（1米水深）使用生石灰13千克左右，使池水pH在7.5～8.5。

（三）主要病害防治方法

1. 以防为主

翘嘴鳜病害的预防方法有：①要增强翘嘴鳜的抗病力，对亲鱼注意提纯复壮，防止近亲繁殖；②改善养殖环境条件，要彻底清塘消毒，保持适宜的养殖环境，注意改善水质，保持适宜的pH和充足的溶解氧，还可定期使用一些生物制剂（如光合细菌等）改良净化水质；③选择优质苗种并做好药物预防，药物可使用硫酸铜与硫酸亚铁合剂、福尔马林等；④做好饵料鱼处理，防止带病饵料鱼入池引起翘嘴鳜感染发病；⑤采用间接给药法进行预防，用100千克饲料加200克大蒜素均匀拌和、晾干，投喂饵料鱼，投喂量为翘嘴鳜体重的10%，连喂3～5天，用此饵料鱼投喂翘嘴鳜用以防病，效果明显。此外，对翘嘴鳜驯食人工饲料也有预防疾病的功效。

2. 常见病虫害及其防治

（1）纤毛虫病（车轮虫、斜管虫病）

【病原体】车轮虫、斜管虫。

【主要症状】寄生部位黏液增多，鱼体部分甚至全部变成灰白色，游泳异常，急躁不安，因失去平衡而在水中打转翻滚。

【流行季节】主要发生在水温15℃左右的春秋季节。当水质恶劣时，冬季和夏季也可发生。3—5月最易流行。

【防治方法】全池泼洒硫酸铜与硫酸亚铁合剂（5∶2），使池水中的药物浓度达到0.7毫克/升。

（2）细菌性烂鳃

【病原体】柱状黄杆菌等。

【主要症状】病鱼离群漫游，体色发黑，体形消瘦；鳃丝肿胀甚至腐烂发白，鳃上黏液增多，部分鳃丝有小出血点。

【流行季节】在水温15℃以上开始发生和流行。发病时间南方在4—10月，北方在5—9月，7—8月为发病高峰期。

【防治方法】用含30%有效氯的漂白粉全池泼洒，使池水中药物终浓度达到1～1.2毫克/升。

（3）细菌性肠炎

【病原体】肠型点状单胞菌。

【主要症状】患肠炎的鳜鱼苗幽门后部盲肠到肛门充血肿胀，早期排丝状淡黄粪便，晚期整个肠腔肿胀、呈紫红色，排泄物浓稠状，不久离群独游而死。

【流行季节】主要流行季节为6—8月，流行地区广，全国各养殖发达地区都有此病发生。

【防治方法】傍晚时分，使用三黄散（100～200克/亩）和聚维酮碘（250毫升/亩）全池泼洒，连续使用2～3天。

（4）传染性脾肾坏死病

【病原体】传染性脾肾坏死病毒。

【主要症状】出现皮肤变暗、体表红斑、腹部膨大等体表症状，以及活动迟缓、失去平衡、反应迟钝等行为异常。内脏方面，脾脏和肾脏肿大坏死，肝脏颜色变深、有出血点，肠道充血或出现肠炎。此外，鱼的食欲会下降甚至完全不进食，严重时可能导致大规模死亡。

【流行季节】在水温25～34℃发生，最适流行温度为28～30℃，20℃以下呈潜伏感染。气候突变和气温升高、水环境恶化是诱发该病大规模流行的重要因素。

【防治方法】预防为主，通过调节水质来减少病害的发生。鱼种放养前用3%～5%食盐或1%的聚维酮碘消毒，并在养殖过程中定期使用微生态制剂调水。

四、育种和苗种供应单位

（一）育种单位

1. 华中农业大学

地址和邮编：湖北省武汉市洪山区狮子山街1号华中农业大学，430070

联系人：梁旭方

电话：15007113487

2. 武汉市鑫鳜源生态农业科技有限公司

地址和邮编：湖北省武汉市黄陂区长轩岭街创造村洪关山下湾19号，430300

联系人：夏小平

电话：13971639970

3. 广东澳品智能农业科技发展有限公司

地址和邮编：广东省佛山市南海区九江镇朗星村朗星大道陈教社段5号，528000

联系人：谭德明

电话：13600316008

4. 江西省水产科学研究所

地址和邮编：江西省南昌市高新区富大有路1099号，330096

联系人：陈文静

电话：13517916161

5. 成都大胃王农业集团有限公司

地址和邮编：中国（四川）自由贸易试验区成都高新区吉瑞三路99号1栋5单元7层703号，610095

联系人：钱舟明

电话：18180000007

（二）苗种供应单位

华中农业大学

地址和邮编：湖北省武汉市洪山区狮子山街1号华中农业大学，430070

联系人：梁旭方

电话：15007113487

五、编写人员名单

梁旭方、郭稳杰、陆可、曾鸣、张其伟等

黑鲷“苏海1号”

一、品种概况

（一）培育背景

黑鲷隶属于鲈形目、鲷科、棘鲷属，是我国重要的海水经济鱼类之一，它具有肉质好、抗逆性强、适养范围广的优点，在我国山东及以南沿海地区均有养殖，养殖方式主要为池塘养殖和网箱养殖。近年来，以黑鲷为主要品种的鲷鱼养殖产业发展迅猛。《中国渔业统计年鉴》数据显示，鲷鱼养殖产量从2018年的8.8万吨逐步增加至2023年的14.7万吨，现已经超越鲆鲽类总产量，位列我国海水鱼养殖产量的第五位。随着消费者对优质水产品的需求日益增加，黑鲷作为中高档水产品，养殖产业尚有不小的增长空间。然而，由于缺乏新品种，黑鲷养殖长期依赖野生或未经选育苗种，生长速度慢、养殖周期长等问题严重制约了产业发展。当前黑鲷养殖业对良种的需求十分迫切。黑鲷研究团队在早年率先突破国内黑鲷人工繁育技术的基础上，通过长期对我国沿海南北多个野生群体种质的收集与研究分析，用优选出的山东莱州湾黑鲷群体构建了选育基础群体，并以体重为目标性状，通过连续多代群体选育，获得了生长速度更快的黑鲷新品种“苏海1号”。该品种显著缩短了养殖周期，降低了养殖成本，有利于促进黑鲷养殖产业健康可持续发展。

（二）育种过程

1. 亲本来源

2001年，从山东莱州湾海区收集、优选当年野生黑鲷鱼种3 580尾。驯养至2004年4月，从中挑选体重大、体质健壮、性腺发育良好个体600尾（雌雄比1∶1）作为选育亲本来源。

2. 技术路线

黑鲷“苏海1号”培育技术路线如图1所示。

3. 培（选）育过程

黑鲷“苏海1号”是以体重为目标性状，采用群体选育技术，每3年选育

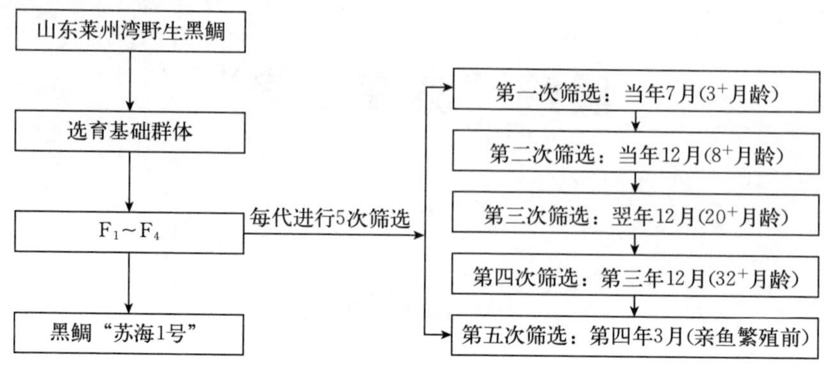

图 1　黑鲷“苏海 1 号”培育技术路线

一代，每代进行 5 次个体筛选，经连续 4 代选育而成。

2004 年从山东莱州湾海区野生黑鲷群体中挑选个体大（体重＞570 克）、体质健壮、性腺发育良好的亲本 600 尾（雌雄比 1∶1），经人工催产和自然交配繁育子一代苗种（F_0），从后代中随机取 100 万尾（全长＞1.5 厘米），构建选育基础群体。在当年 7 月（3^+ 月龄）、当年 12 月（8^+ 月龄）、2005 年 12 月（20^+ 月龄）、2006 年 12 月（32^+ 月龄）及 2007 年 3 月（繁殖前）各进行一次个体筛选，选留体重大、体质健壮的个体，各阶段的选择率分别约为 8.6%、22.2%、52.6%、40.8%和 36.2%，最终选留 710 尾（雌雄比 1∶1）作为 F_1 繁育亲本，总选择率约为 0.15%。

按上述方法每 3 年选育一代，分别于 2007 年、2010 年、2013 年、2016 年繁育获得 F_1、F_2、F_3 和 F_4 苗种，每代经 5 次筛选后分别获得雌雄比为1∶1 的亲本 760 尾（体重＞715 克）、700 尾（体重＞756 克）、680 尾（体重＞800 克）和 680 尾（体重＞846 克）作为下一代的繁殖亲本，每次的总选择率分别约为 0.16%、0.15%、0.14%和 0.14%。经过以上连续 4 代群体选育，于 2019 年 4 月，利用选留的 F_4 亲本繁殖获得黑鲷“苏海 1 号”苗种。

（三）品种特性和中试情况

1. 品种特性

（1）生长速度快　在相同养殖条件下，黑鲷“苏海 1 号”苗种养殖 18～19 个月即可达到上市规格（平均体重 454～524 克），生长速度（体重）提高 24.4%～32.0%。养殖周期显著缩短，由原来的需要两次越冬减少为一次越冬。

（2）个体规格更加均匀　黑鲷“苏海 1 号”养殖成鱼的体重和体长变异系数均显著降低。

2. 中试情况

2019—2022年，在江苏、浙江、山东开展了池塘和网箱两种养殖模式连续两年的生产性对比试验和中试应用养殖，累计养殖池塘面积800亩，网箱水体70 000米^3。试验结果表明，黑鲷“苏海1号”在池塘和网箱养殖模式下长势良好，在相同养殖条件下，与未经选育的普通黑鲷相比，“苏海1号”生长速度（体重）提高24.4%～32.0%，生长优势明显，且个体规格更加均匀。

二、人工繁殖技术

（一）亲本选择与培育

1. 亲本选择

亲本来源于江苏省海洋水产研究所下属江苏省海水增养殖技术与种苗中心。挑选规格大、体形好（长椭圆形）、体质健壮、性腺发育良好的个体作为繁殖亲本。雄鱼2～4龄，500克以上；雌鱼3～5龄，850克以上，雌雄比1∶1。

2. 亲本培育

（1）培育环境　亲鱼培育池一般为土池或水泥池，靠近水源，排灌方便，池底平坦，稍向出水口倾斜。土池面积以400～800米^{2}为宜，水泥池面积以15～50米^{2}为宜，池水深1.2～1.8米，增氧等设施齐全。土池放养密度一般为0.2～0.4千克/米^2，水泥池放养密度一般为2～4千克/米^2。

（2）饲养管理　在室外土池培育期间，亲鱼饵料以粗蛋白含量在42%以上营养全面的人工配合饲料为主。日投喂量为鱼体重的1%～3%，每日投喂1～2次。亲鱼在产卵前3个月左右转入室内水泥池开始强化培育，投喂四角蛤蜊肉、沙蚕等高质量动物性饵料。亲鱼为分批多次产卵类型，产卵期间和产卵后应保证高质量动物性饵料供应。每天早晚检测水质，根据水质状况及时加水、换水，每次加、换水量宜在20%～50%。

（二）人工繁殖

产卵池中放亲鱼1～1.5组/米^2（雌雄比1∶1）。入夜后亲鱼开始交尾产卵，第二天清晨收集受精卵。集卵时对产卵池冲水形成环流将受精卵从排水口带出，用90～120目网袋在排水口收集受精卵。受精卵清洗消毒，去除死卵和污物后放入孵化池孵化。采用网箱或孵化桶孵化，水温宜保持20～22℃，盐度18～32。水温20℃时，孵化时间为26～32小时。

（三）苗种培育

1. 鱼苗培育

鱼苗培育分为室内水泥池培育（全长<1 厘米）和室外土池培育（全长 1～5 厘米）两个阶段。室内育苗池为温棚水泥池，面积 8～20 米^2，池水深 1 米；室外育苗土池面积以 1～2 亩为宜，池水深 1.5～2.5 米。放苗前用漂白粉消毒，土池应提前 7～10 天进行肥水。

（1）室内水泥池培育　初孵仔鱼放养密度为 1.5 万～3 万尾/米^3，随鱼苗生长进行分池，逐步降低密度至 0.5 万～1 万尾/米^3。孵化仔鱼第三天开口，采用轮虫作为开口饵料，投喂量 5～10 个/毫升。投放轮虫前在池内培养微藻或投放小球藻藻液，对轮虫进行营养强化。随鱼苗生长，投喂频率逐步由 2 次/天增加至 4 次/天。室内培育期间水温控制在 18～24 ℃。第 1～4 天静水培育，微充气。第 5 天开始少量换水，换水量约 20%，至第 18 天换水量逐步增加至 100%～200%，换水温差不超 2 ℃。

（2）室外土池培育　鱼苗生长至全长约 1 厘米，可用灯光诱集或拉网集中等方式带水转移至室外土池进行培育。放养前提前培养或投喂轮虫，放养水温应不低于 18 ℃，密度 400～600 尾/米^3。室外培育期间鱼苗饵料系列为轮虫（全长<1.5 厘米）→桡足类冻品（全长 1.5～2.5 厘米）→配合饲料（全长>2.5 厘米），饵料转换采用循序渐进的方式。育苗期间每天早、中、晚各巡塘一次，观察水色变化和鱼苗活动、摄食情况，及时调节水质或调整投饵量。

2. 鱼种培育

（1）鱼种培育池　池塘面积宜为 2～10 亩，水深 1.5～3 米，进、排水方便，增氧设施齐全。放苗前池塘需要平整和消毒，可提前培养桡足类、钩虾类等天然饵料。

（2）养殖管理　鱼苗放养密度为 1 500～3 000 尾/亩。投喂蛋白质含量不低于 42%的配合饲料，粒径适口，日投喂 2 次，日投饵量为鱼体重的 3%～6%。每天早、晚巡塘，观察水色、鱼种摄食情况等，及时通过排、换水或投放水质改良剂调节水质，合理使用增氧机进行机械增氧，根据天气、水温、摄食情况等及时调整投饵量。

（3）越冬管理　水温低于 10 ℃时将鱼种转移至有保温措施的室内水泥池或温棚土池进行越冬，室内水泥越冬池面积以 15～50 米^2 为宜，水深 1～1.5 米。温棚土池面积以 0.6～1.5 亩为宜，水深 1.5～2.5 米，保水性强，消毒彻底。水泥池和土地中越冬鱼种的投放密度宜分别控制在 8～12 千克/米^2、1 500～2 000 千克/亩。越冬期间不投饵或少投饵，根据水质和自然水温情况适时换水，根据室内外温差情况调整换水量，每次换水10%～30%。水温稳定在12℃以上时及时转至室外土池或网箱养殖。

三、健康养殖技术

（一）健康养殖（生态养殖）模式和配套技术

1. 池塘养殖

（1）池塘条件　养殖池塘面积2～20亩，水深1.5～3米。池塘进、排水系统完善，配备增氧机。放养前应清除池中污泥，每亩使用30～60千克漂白粉进行清塘、消毒。

（2）鱼种放养　鱼种应健康无伤病，越冬后体重大于80克/尾，规格一致，放养密度1 000～2 000尾/亩。鱼种放养前停食1天，用30毫克/升的高锰酸钾溶液或20毫克/升的聚维酮碘浸泡10～15分钟，避免带病入塘。

（3）养殖管理　投喂粗蛋白含量在40%以上营养全面的人工配合饲料，设饵料台，按照定时、定位、定质、定量的“四定”原则进行投喂，每日投喂1～2次，投喂量为鱼体重的2%～4%。根据水温、天气、摄食情况等调整投喂量。水温低于18℃或高于32℃时应减少投喂次数和投喂量。鱼种投放后每日早、晚巡塘，注意水质（水色）变化情况、鱼的摄食情况和发病情况。及时排、换水或投放水质改良剂调节水质。根据季节、天气变化和水质情况调整增氧机开机时间和次数，阴雨和高温闷热天气应及时开启增氧设备，防止鱼缺氧。发现池塘出现青苔应及时捞出，防止大面积暴发。

2. 网箱养殖

（1）网箱条件　网箱设置位置应选择在海流通畅、风浪较少、水流速度0.2～0.5米/秒、水深大于5米的海区。网箱长方形或圆形，深度3～5米，体积60～600米^3。网箱底部与水底保持0.5米以上的距离，安装前检查网箱有无破损。

（2）鱼种放养　鱼种陆海转运时应注意防止缺氧，并尽量减少因操作对鱼造成的损伤。鱼种放养密度为15～30尾/米^3，随鱼体生长及时分箱，降低密度。其他要求同池塘养殖。

（3）养殖管理　饵料及投喂要求同池塘养殖。网箱内设置饵料台防止饵料流失。及时清理网衣并检查网衣有无破损，防止逃鱼。随鱼体生长及时更换更大网目网衣。灾害性天气来临前，应加固网箱拉绳和固定绳，检查网箱框架、锚等的牢固性，人员、船只及时回港避风。

（二）主要病害防治方法

1. 刺激隐核虫病

【病因及症状】刺激隐核虫寄生在鱼的鳃和体表吸取营养，刺激组织分泌大量黏液，严重影呼吸。主要在幼鱼阶段发病，发病时鱼体消瘦，摄食减少，有用身体摩擦池壁的行为，鳃和体表可见小白点，常伴随鳍条缺损。

【流行季节】6—7月，水温24～29℃。

【防治方法】①降低放养密度。②硫酸铜1毫克/升全池泼洒，连用3天。

2. 指环虫病

【病因及症状】指环虫寄生于鱼鳃吸取营养，刺激鳃丝分泌大量黏液，严重影呼吸。主要寄生于成鱼，发病时鱼体色发黑，摄食和游动减少，鳃部苍白或浮肿，鳃丝内可见大量虫体。

【流行季节】3—5月，水温18～24℃。

【防治方法】①甲苯咪唑溶液（10%）0.1～0.3毫克/升全池泼洒，连用2天。②精制敌百虫0.2～0.5毫克/升全池泼洒，连用2天。

四、育种和苗种供应单位

（一）育种单位

1. 江苏省海洋水产研究所

地址和邮编：江苏省南通市崇川区教育路31号，226007

联系人：贾超峰

电话：19952666970

2. 中国水产科学研究院淡水渔业研究中心

地址和邮编：江苏省无锡市山水东路9号，214081

联系人：强俊

电话：15961797326

3. 江苏中洋集团股份有限公司

地址和邮编：江苏省海安市中坝南路100号，226600

联系人：涂翰卿

电话：15921866498

4. 南京师范大学

地址和邮编：江苏省南京市栖霞区文苑路1号，210023

联系人：徐士霞

电话：13605187346

（二）苗种供应单位

江苏省海洋水产研究所

地址和邮编：江苏省南通市崇川区教育路31号，226007

联系人：贾超峰

电话：19952666970

五、编写人员名单

陈淑吟、张志勇、贾超峰、孟乾、祝斐、孙瑞健、徐大凤等

克氏原螯虾“盱眙1号”

一、品种概况

（一）培育背景

克氏原螯虾俗称小龙虾，属节肢动物门、甲壳纲、十足目、螯虾科，是一种杂食性淡水虾类，原产于墨西哥北部和美国南部。我国克氏原螯虾主产区为长江中下游地区和淮河流域，主要养殖区域为湖北、江苏、江西、安徽和湖南等地。2023年，我国克氏原螯虾养殖面积2 950万亩、产量316.10万吨，养殖产量占全国淡水养殖总产量的9.26%，位列我国淡水养殖品种第4位。

近年来，国内市场对克氏原螯虾的需求量不断增加，天然群体过度捕捞严重，野生资源量急剧下降，养殖过程中“逆向选择”问题较为普遍，生长速度慢、养成规格低等种质退化问题逐渐显现。面对蓬勃发展的克氏原螯虾产业，养殖业对优质苗种的需求非常旺盛。目前，我国克氏原螯虾种业体系建设滞后于产业发展需求。存塘虾自繁（放亲本养殖）的苗种供给方式仍占较大比例，优质苗种供应不足问题较为突出。2012年起，江苏省淡水水产研究所广泛收集了国内代表性水域的克氏原螯虾种质资源，开展品种改良工作，育成生长性状表现优良的克氏原螯虾新品种“盱眙1号”。克氏原螯虾“盱眙1号”具有生长速度快、养成规格大、规格整齐、增产效果明显等优势性状，具有良好的推广应用前景。

（二）育种过程

1. 亲本来源

2012年，从江苏长江镇江段、南京固城湖、微山湖沛县水域、射阳滩涂、宿迁洪泽湖、骆马湖，江西鄱阳湖，安徽金寨等地收集克氏原螯虾野生苗种，将不同群体养至性成熟后，从中选择规格大、体形好、活力佳、发育同步的19 000余尾亲虾，构建育种基础群体。

2. 技术路线

克氏原螯虾“盱眙1号”培育技术路线见图1。

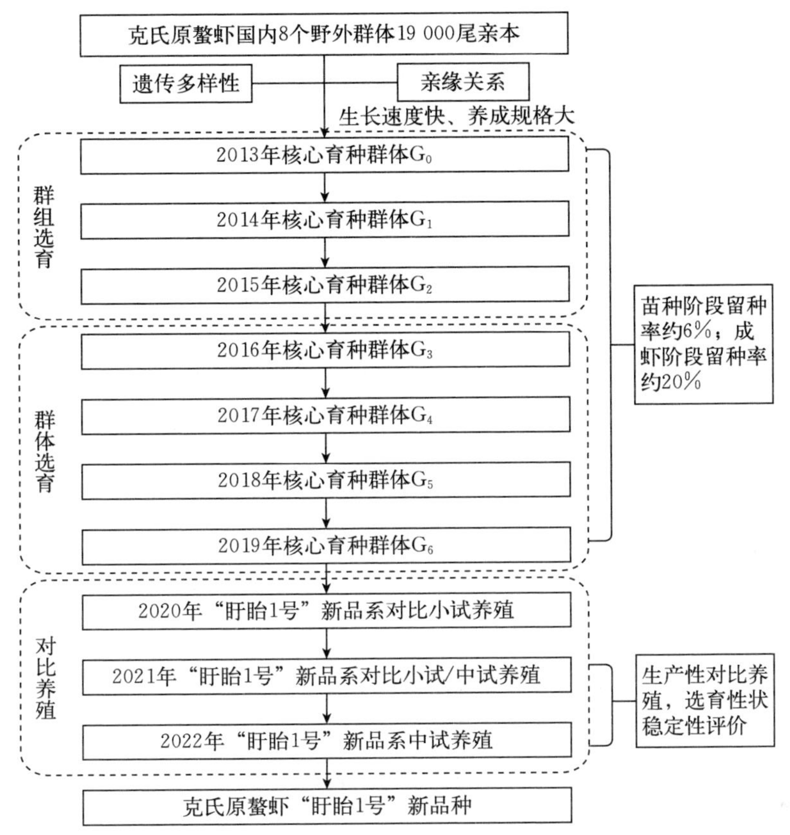

图 1　克氏原螯虾“盱眙 1 号”培育技术路线

3. 培（选）育过程

克氏原螯虾“盱眙 1 号”采用群体选育技术路线，以生长速度快、养成规格大为育种目标性状，经连续 6 代选育而成。选育过程如下：

2012 年，从克氏原螯虾国内典型分布水域采集天然群体苗种作为育种基础群体。将所采集不同群体苗种养殖至性成熟阶段，依据不同群体间亲缘关系将育种基础群体分为不同群组，采用完全双列杂交方式对不同群组进行交配繁育。

2013—2015 年，采用群组选育技术路线，通过最佳线性无偏估计（BLUE）和最佳线性无偏预测（BLUP）计算不同群组中的亲本及子代选择指数。以养殖收获体重为选育指标（苗种阶段留种率约 6%，成虾阶段亲本留种率约 20%，选育过程中总体留种率约 1.2%），对核心育种群体进行封闭式累代选择。

2016—2019 年，采用群体选育技术路线，每年以收获体重为选育指标，对核心育种群体进行 2 次选择（苗种阶段留种率约 6%，成虾阶段留种率约 20%）。至 2019 年共完成连续 6 代群体选育，选育出生长速度快、养成规格大、性状稳定的新品种克氏原螯虾“盱眙 1 号”。新品种养殖收获体重较未选育群体提高 18.62%，亩产提升 18.81%，规格整齐，增产效果明显。

（三）品种特性和中试情况

1. 品种特性

克氏原螯虾“盱眙 1 号”具有生长速度快、养成规格大、亩产量高等优势性状。在相同养殖条件下，与未经选育的克氏原螯虾相比，80 日龄体重提高 18.62%，亩产提升 18.8%。适宜在全国水温 8～30 ℃的人工可控的淡水水体中养殖。

2. 中试情况

2020—2022 年，在南京进行对比养殖小试，同时在江苏、安徽、江西等克氏原螯虾主产区选择 17 个试验点，连续 2 年对“盱眙 1 号”与当地未选育群体进行完整周期的生产性对比养殖，累计中试养殖面积 4 120 亩。试验结果表明，克氏原螯虾“盱眙 1 号”生长速度和亩产量均提高 18%以上。新品种具有生长速度快、养成规格大、亩产量高等优势性状，养殖优势明显，经济效益显著。

二、人工繁殖技术

（一）亲本选择与培育

1. 亲本选择

亲本来源于江苏省淡水水产研究所、江苏盱眙龙虾产业发展股份有限公司良种保存基地。苗种繁育用亲本应体格健壮、肢体无残缺，性腺发育良好，体色暗红或黑红，体表无附着物，规格 40～60 克/尾，雌雄虾数量比为 (1.2～2)∶1。

2. 亲本培育

（1）培育环境　土池或稻田均可以用于苗种繁育。繁育池应水源充足，水质清新、无污染，进、排水方便。池底以黏土、壤土为宜，保水性好。池深 1.2～1.5 米，池埂坡比≤1∶3，进排水系统完备，池埂不漏水。亲虾放养前用生石灰消毒清塘，进水口用孔径为 0.15 毫米筛绢网过滤以防止引入野杂鱼。排水口用 0.25 毫米筛绢网防止苗种逃逸。栽种水草应兼顾沉水和浮水植物，水草栽种面积占池塘面积的 1/3～1/2。冬季保持水位稳定。

（2）饲养管理　亲虾放养后及时投喂高质量配合颗粒饲料（有效蛋白含量

36%为宜）。日总投喂量为虾总体重的3%～5%，根据天气情况、摄食情况及时调整投喂量。日投喂2次，下午投喂量占日投喂量的70%，饲料全池均匀撒喂。冬季气温升高时应适量投喂。

（二）人工繁殖

每年8—9月投放亲本，每亩投放亲本25～30千克。翌年2月底至3月初，当80%以上亲虾体上的幼虾脱离母体后，用1厘米孔径地笼网及时捕捞亲虾出售。

（三）苗种培育

当幼虾脱离母体以后，应及时足量投喂小颗粒饲料，投喂量可根据池中出苗量、水色和吃食情况及时增减。苗种培育期间，要适时肥水，保证苗种培育期间有充足的饵料生物，水体透明度保持在30～40厘米，水深保持1米以上。苗种达到养殖规格后，用0.4厘米孔径地笼网及时捕捞分塘养殖。

三、健康养殖技术

（一）健康养殖（生态养殖）模式和配套技术

1. 池塘养殖

（1）环境条件　养殖场地应水源充足，水质清新、无污染，进、排水方便。水深1.2～1.5米，池埂坡比≤1∶3，养殖适宜水温15～30℃，最适水温18～28℃。溶解氧≥3 mg/L，水体最适pH为7.0～8.5，透明度30～40厘米。设置防逃设施，防逃网下部埋入土中10～15厘米，上部高出田埂30厘米以上，每隔1.5米用钢管或木条支撑固定。

（2）放养前准备　放苗一周前，用生石灰消毒清塘，并彻底清除塘中野杂鱼。全池施用腐熟有机肥50～100千克/亩。池中移植水生植物，面积不小于全池面积的1/3，沉水植物、浮水植物、挺水植物三者兼顾，以伊乐藻、轮叶黑藻、苦草等为主。水草采用条带状或点状种植，低温时以伊乐藻为主，气温升高以后可搭配栽种轮叶黑藻等耐高温水草。水草栽种宜遵循南北方向种植、多种水草兼顾的原则。苗种投放前应提前培肥水质，培水既有稳定水质、促进水草生长、抑制青苔滋生的作用，又可以提供足量生物饵料，提高苗种存活率。

（3）苗种放养　每年3—4月投放规格为200～300尾/千克的苗种，投放密度为4 000～6 000尾/亩。放养前将苗种在原池水内浸泡1分钟，提起搁置2～3分钟，再浸泡1分钟，如此反复3次以上，再均匀散放在池塘四周。同一池塘苗种应一次性放足。

（4）饲养管理　饲料以配合颗粒饲料（蛋白质含量大于28%，耐水性大于3小时）为主，全池均匀撒喂。投喂量按存塘虾总重量的3%计算，并及时调整，以投喂后3小时内基本吃完为宜。日投喂2次，上午投喂量为傍晚投喂量的30%。

（5）水质管理　水质调控应遵循“春浅夏满，前肥后瘦”的原则。春季水位一般保持在0.6～1米，每10～15天加水1次，每次加水5～10厘米；夏季水位一般保持在1.2米以上，每7～10天加水或换水1次；高温季节每5～7天加水或换水1次；遇水质恶化等特殊情况应及时换水。养殖前期水体透明度保持在25～30厘米，中后期≥40厘米。

2. 稻虾种养

（1）稻田改造

① 有环沟养殖。稻田面积以每块20～50亩为宜，四周田埂加宽、加高，夯实加固。田埂高0.8～1米，埂面宽≥1米。在稻田四周离田埂内侧1～2米开挖环沟，环沟面积占比不超过稻田的10%。稻田与主干道连接处构筑农业机械进出平台，用于机械化作业。

② 无环沟养殖。适用于“稻虾连作”养殖模式。稻田不开挖环沟，于田块内取土加高稻田田埂至0.8～1.0米，使稻田内水位可维持在0.6米以上。加宽稻田堤埂，埂面宽≥1 m，堤埂坡比为1∶1，保证不渗水、漏水，整平水稻种植区田块。

（2）放养前准备

① 防逃设施。田埂四周用加厚聚乙烯塑料膜作防逃围网，围网底部埋入土中10～15厘米，地上部分高30～40厘米，防逃膜外侧用钢管或木桩固定，钢管或木桩间距1.5米。进、排水口分开，对角设置，高灌低排。进、排水口用80～100目滤网封实，防止有害生物的卵或幼体侵入以及养殖虾外逃。

② 水草移植。在稻田和围沟内种植伊乐藻、轮叶黑藻、伊乐藻、水花生等水生植物，沉水植物、浮水植物兼顾，种植面积占沟内水体总面积的50%～60%、田面面积的30%～40%。

（3）苗种投放

① 稻前虾投放。3—4月，每亩投放规格200～300尾/千克的优质苗种4 000～6 000尾。

② 稻中虾投放。5月底至6月初，每亩投放规格为150～200尾/千克的优质苗种3 000～4 000尾。苗种投放至环沟中，待6月中下旬秧苗返青后提升水位，释放虾苗于全田活动。

（4）水稻栽插　插秧前稻田一次性施足基肥，以有机肥为主。水稻品种选择、种植方法及日常管理可参照 SC/T 1135.4 的要求。宜选用优质、高产、抗病、抗虫、抗倒伏水稻品种，规划好虾、稻、草品种布局和衔接茬口，水稻采用工厂化人工基质秧苗，选留健康种苗移栽。采用生态绿色防控方法控制稻田病虫害。

（5）饲料投喂　在充分利用稻田天然饵料的基础上，投喂专用颗粒配合饲料。投喂量根据天气、水温、摄食及残饵量灵活掌握。以投喂后 2～3 小时基本吃完为宜。

（6）水质管理　养殖期间水体透明度宜控制在 25～45 厘米。根据水质调控需求，定期加注新水或换水，保持水体溶解氧充足。一般每 3～5 天可少量加注 1 次新水；高温季节，每 1～2 天加注 1 次新水。水体透明度低于 25 厘米时，应及时更换新水。稻中虾养殖过程中，6 月中下旬浅水位易于水稻立苗，7—8 月 15～30 厘米深水位促进稻、虾生长，8—9 月水位落浅至 5 厘米左右便于捕虾。

（7）成虾捕捞　捕捞工具以地笼为主，地笼网眼规格以 2.5～3 厘米为宜。稻前虾在 5 月底至 6 月初集中捕捞上市；稻中虾在 7 月底至 8 月初陆续捕捞上市，当捕捞接近尾声时，可排干稻田水，使克氏原螯虾到环沟内集中捕捞，直至捕捞完成。

（二）主要病害防治方法

目前，克氏原螯虾养殖过程中的常见病害有白斑综合征、细菌性和真菌性疾病、纤毛虫病等，其中白斑综合征是当前养殖过程中的主要病害（产业上又称之为“五月瘟”）。克氏原螯虾病害主要防治与预防措施有：①放养无特定病原优质苗种；②“繁养分离”，合理控制养殖密度；③放苗前彻底清塘消毒，养殖过程中定期改底；④合理栽种水草，保持水质清新；⑤及时投喂优质饲料，不投喂或少投喂鲜活饵料；⑥科学及时增氧，定期使用微生态制剂；⑦每天按时巡塘，发现死虾及时处理。此外，在克氏原螯虾苗种繁育及养殖过程中，还应特别注意预防野杂鱼、蛙、蛇、鼠以及鸟等敌害。

四、育种和苗种供应单位

（一）育种单位

1. 江苏省淡水水产研究所

地址和邮编：江苏省南京市建邺区茶亭东街 79 号，210017
联系人：许志强
电话：13770771843

2. 江苏盱眙龙虾产业发展股份有限公司

地址和邮编：江苏省盱眙县盱城街道登瀛路8号，211700

联系人：袁孝春

电话：13770442137

（二）苗种供应单位

1. 江苏省淡水水产研究所浦口育种基地

地址和邮编：江苏省南京市浦口区星甸镇后圩村养殖大道，210000

联系人：林海

电话：13584002263

2. 江苏盱眙龙虾产业发展股份有限公司马坝育种基地

地址和邮编：江苏省南京市盱眙县马坝镇旧街村，211751

联系人：邵俊杰

电话：15805163119

五、编写人员名单

许志强、徐宇、严维辉、邵俊杰、黄鸿兵、李佳佳、李旭光、林海等

罗氏沼虾“苏沪 1 号”

一、品种概况

（一）培育背景

罗氏沼虾又名马来西亚大虾、淡水长臂大虾，是世界上个体最大的淡水虾类，也是全球重要的淡水养殖虾类。罗氏沼虾自然分布于东南亚、印度—太平洋水域。中国是全球罗氏沼虾养殖规模最大的国家，全国共有 17 个省份养殖罗氏沼虾，其中江苏、广东、浙江是罗氏沼虾养殖核心省份。江苏省罗氏沼虾养殖业开始于 20 世纪 90 年代初期的里下河地区，到 90 年代末成为我国罗氏沼虾养殖产业第一大省，随后养殖产业进入快速增长期，到 2007 年养殖总产量超过全国养殖总产量的 50%，2022 年全省养殖总产量 6.17 万吨，在全国总产量的占比降至 34.7%，位居全国第二。

罗氏沼虾自引入我国以来，由于缺乏对种质资源的有效保护，近亲繁殖严重，出现了性成熟早、抗逆性低、抗病力弱等种质退化现象。尤其是 2008 年以来，罗氏沼虾养殖生产中出现生长迟缓甚至停止生长等现象，俗称“铁虾”综合征，该综合征严重制约了我国罗氏沼虾产业的高质量发展。截至 2015 年，国内仅有浙江省淡水水产研究所培育出的“南太湖 2 号”罗氏沼虾新品种，良种供应量远远不能满足现实生产需求。为此，育种团队从 2015 年起开始选育罗氏沼虾“苏沪 1 号”新品种。

（二）育种过程

1. 亲本来源

亲本来源于引入的罗氏沼虾缅甸群体。2015 年 5 月引进体长 1 厘米左右的罗氏沼虾缅甸群体幼虾 10 万尾进行养成。2015 年 10 月，从中挑选个体较大、性征明显、健康活泼的个体 6 000 尾进行强化培育。2015 年 12 月，进一步挑选优质个体 3 000 尾构成罗氏沼虾“苏沪 1 号”育种基础群体。

2. 技术路线

罗氏沼虾“苏沪 1 号”培育技术路线见图 1。

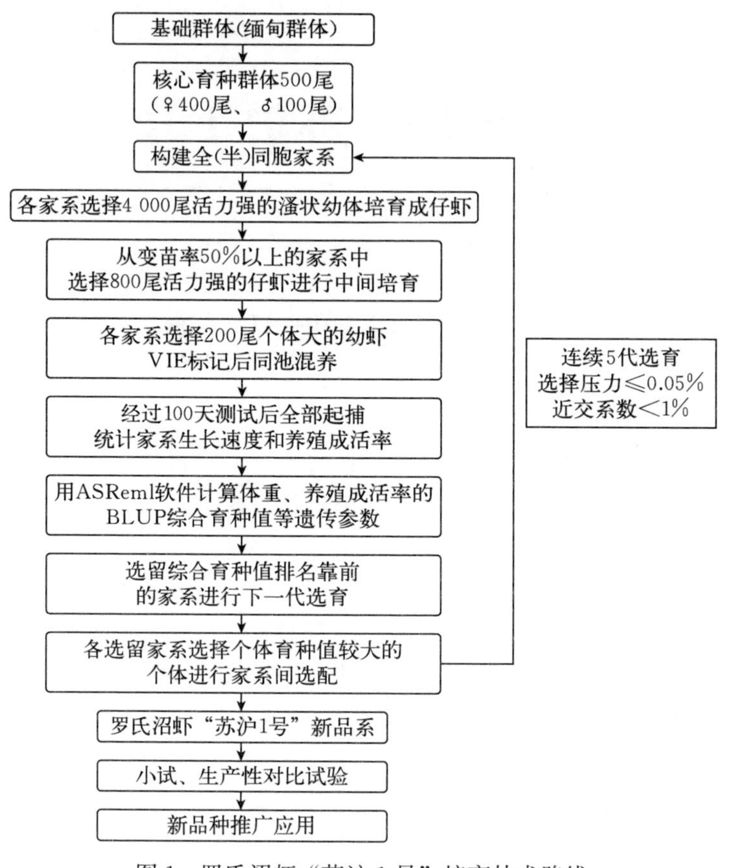

图 1　罗氏沼虾“苏沪 1 号”培育技术路线

3. 培（选）育过程

罗氏沼虾“苏沪 1 号”是以体重为目标性状，采用家系选育技术，经过连续 5 代选育而成。

2016 年，进行 G_1 选育。从 3 000 尾基础群体中挑选个体较大、性腺饱满、健康活泼的 500 尾（♀400 尾、♂100 尾）个体作为核心选育群体，构建形成 166 个半同胞 G_1 选育家系；各家系孵化出苗后，分别选择 4 000 尾活力强的溞状幼体培育成仔虾；从仔虾变苗率 50%以上的 132 个家系中，各选择 800 尾活力强的仔虾进行隔离，中间培育至体长 2.5 厘米以上，从中选择 200 尾个体大的幼虾用 VIE 标记后养殖 100 天进行个体性状测量。根据家系综合选择指数筛选出排名靠前的 65 个家系进行下一代选育，从中选留 345 尾作为构建下一代家系的亲本，选择压力为 0.05%。

2017 年，进行 G_2 选育。构建形成 162 个半同胞选育家系，从仔虾变苗率 50%以上的 135 个家系中各选择 800 尾活力强的仔虾标粗至体长 2.5 厘米以上，从中选择 200 尾个体大的幼虾用 VIE 标记后养殖 100 天进行个体性状测量。根据家系综合选择指数筛选出排名靠前的 66 个家系进行下一代选育，从中选留 350 尾作为构建下一代家系的亲本，选择压力为 0.05%。

2018 年，进行 G_3 选育。构建形成 163 个半同胞选育家系，从仔虾变苗率 50%以上的 132 个家系中各选择 800 尾活力强的仔虾标粗至体长 2.5 厘米以上，从中选择 200 尾个体大的幼虾用 VIE 标记后养殖 100 天进行个体性状测量。根据家系综合选择指数筛选出排名靠前的 66 个家系进行下一代选育，从中选留 315 尾作为构建下一代家系的亲本，选择压力为 0.05%。

2019 年，进行 G_4 选育。构建形成 160 个半同胞选育家系，从变苗率 50%以上的 135 个家系中各选择 800 尾活力强的仔虾标粗至体长 2.5 厘米以上，从中选择 200 尾个体大的幼虾用 VIE 标记后养殖 100 天进行个体性状测量。根据家系综合选择指数筛选出排名靠前的 63 个家系进行下一代选育，从中选留 320 尾作为构建下一代家系的亲本，选择压力为 0.05%。

2020 年，进行 G_5 选育。构建形成 161 个半同胞选育家系，从变苗率 50%以上的 132 个家系中，各选 800 尾活力强的仔虾标粗至体长 2.5 厘米以上，从中选择 200 尾个体大的幼虾用 VIE 标记后养殖 100 天进行个体性状测量。根据家系综合选择指数筛选出排名靠前的 65 个家系，每个家系选留个体育种值大的 100 尾个体。经过连续 5 代的选育，培育出生长速度快的罗氏沼虾新品种，定名为“苏沪 1 号”。

2021 年，将 65 个 G_5 家系各 100 尾、共 6 500 尾罗氏沼虾“苏沪 1 号”进行保种扩繁，并开展小试和生产性对比试验。

（三）品种特性和中试情况

1. 品种特性

在同等养殖条件下，与未经选育的罗氏沼虾缅甸群体相比，罗氏沼虾“苏沪 1 号”150 日龄体重提高 22.89%，生长速度快，收获规格整齐，适宜养殖大规格商品虾。

2. 中试情况

2020—2022 年，在江苏、浙江进行大棚苗和池塘直放 2 种模式的养殖小试，并在江苏主要养殖区试验点（江苏泰州姜堰、江苏南通海安）和浙江主要养殖区试验点（浙江湖州安吉、浙江嘉兴桐乡），连续 2 年开展完整周期的生产性对比试验，两年累计试验总面积 1 320 亩。试验结果表明，与对照组相比，罗氏沼虾“苏沪 1 号”生长速度快 22.89%，养殖成活率高 6.80%，其生产性能良好，具有生长快、成活率高、规格整齐等优良性状，经济效益与社会效益显著，受到养殖户的一致好评。

二、人工繁殖技术

（一）亲本选择与培育

1. 亲本选择

亲本来源于江苏鼎和水产科技发展有限公司。挑选的亲本要求虾体肥壮、色泽明亮、无伤斑点、附肢完整、活力强。雄虾要求头胸部粗大，螯足呈黄色或浅蓝色且相对较短，体长≥10 厘米，体重≥30 克；雌虾要求腹部张开形成抱卵腔，体长≥9 厘米，体重≥30 克。雌雄虾亲本数量比为 3∶1。

2. 亲本培育

（1）培育环境　培育期间水温控制在 21～22 ℃，进行产前培养。交配强化阶段，水温应逐渐调控至 26～28 ℃，升温应注意平稳，日升温应控制在 2 ℃以内。在种虾交配阶段控制光线，避免阳光直射。种虾车间管理：除了抱卵虾池，其他培育阶段的养殖池均需设置网片增加隐蔽栖息空间，网片离水面 20～30 厘米，网片面积占水面的 30%～40%，以提高养殖成活率和交配率。

（2）饲养管理　培育期投喂罗氏沼虾亲虾专用颗粒饲料，日投喂量为虾体重的 1%～2%，每日投喂 2 次，昼夜投喂量之比为 1∶2。亲本营养强化培育期，日投喂量逐渐增加至虾体重的 3%左右，适当投喂胡萝卜、南瓜等植物膳食。投喂前先清除残饵和排泄物，并根据天气及摄食量等具体情况及时调整投喂量。

（二）人工繁殖

苗种繁育期间，将水温保持在 26～28 ℃，亲虾按雌雄比为（3～4）∶1 进行配对。待雌虾抱卵后，每隔 14 天挑选一次抱卵虾，根据卵的颜色（灰、棕、黄）将抱卵虾分成三个等级，分池集中饲养，每平方米可放抱卵虾 15～20 尾，每平方米放雄虾 1 尾。幼体破膜前，调整池内水盐度到 3 左右。灰卵虾经 1～2 天的培育即可排出幼体。卵呈棕色、黄色的抱卵虾可放于淡水池中强化培育。幼体孵出后，用 80 目的纱绢网收集抱卵虾池中的幼体，并移到幼体培育池培育。

（三）苗种培育

1. 幼体放养环境

罗氏沼虾苗种培育池放养密度一般为 10 万～15 万尾/米^3，放幼体前培育池水温与抱卵虾水温保持在 28 ℃左右，幼体培育第 2 天逐渐将水温提升到 31～32 ℃，盐度控制在 10～12。

2. 饵料投喂

在放苗后第 2 天，投喂丰年虫无节幼体进行开食，投喂密度为使丰年虫在水中数量达到5～10个/毫升。放苗后第6天，即溞状幼体发育到第四期，少量投喂人工制作的蛋羹，每天投喂2～3次，以80%的幼体抱到蛋粒即可。

3. 水质监测及调控

水质在苗种培育中的作用至关重要，各个指标要求如下：水深70～80厘米，透明度20～30厘米，pH 7～8，氨氮<0.2毫克/升，亚硝酸盐<0.01毫克/升。同时采取定时排污、换水、移池等物理措施及使用微生物制剂等生物措施来调控水质。

4. 虾苗淡化

经过20～22天的培育，当培育池中有90%以上的溞状幼体变成仔虾即可开始淡化。淡化时先将池内水位降低，再缓缓加入淡水，或一边排咸水，一边加淡水，使进出水量基本一致，进出水温差不超过2℃，淡化可分2～3天进行，直至盐度降至2以下。

三、健康养殖技术

（一）健康养殖（生态养殖）模式和配套技术

1. 单养模式

（1）*养殖环境* 养殖场地应地势平坦，淡水水源丰富，排灌方便，交通便利，周边环境无污染，一年中水温26～33℃天数在120天以上。池塘面积以5～20亩为宜，池水深2米，池底土质是壤土或黏土，具有独立的进、排水系统。

（2）*池塘准备* 每年养殖结束后，排干池水，清除表层淤泥，使用生石灰消毒，晒塘至表面干硬龟裂。进水口需设置60目外套80目筛绢做成的双层过滤网袋。根据不同养殖密度，按照0.3～0.75千瓦/亩功率安装微孔或其他增氧设施，保证水体溶解氧充足。

（3）*苗种选择与放养* 虾苗需充分淡化、活力好、规格整齐（0.7～0.8厘米），诺达病毒、十足目虹彩病毒、白斑综合征病毒等病毒检测以及传染性早熟检测均为阴性，虾苗需24小时试水成活率达90%以上。

锅炉大棚加温提早培苗模式。集中在江苏扬州、浙江嘉兴、江苏盐城地区，通过锅炉大棚升温进行苗种标粗实现早上市。在池塘内设置标粗池，标粗池大小根据池塘面积确定，采用拱形镀锌钢管搭建温棚框架，敷设塑料薄膜，底部铺设加热管及微孔增氧盘，采用锅炉进行加热。一般2—3月，使用锅炉对大棚内水体加热至25℃以上后即可放苗，放苗密度一般为1 000～2 000尾/米^2。5月上中旬，外塘水温稳定在22℃以上时，拆除大棚；标粗池水温与大塘水温一致时，逐渐加水至漫过标粗池，开始进行罗氏沼虾全塘养殖，养殖密度一般在 5 万～7 万尾/亩。

简易大棚培苗模式。集中在江苏盐城、广东肇庆等地区，即通过简易大棚升温进行苗种标粗或全程在棚内养殖。江苏、浙江地区一般在 4 月放苗，广东地区一般在 1—2 月放苗，标粗放养密度一般为 1 500～2 500 尾/米^2，全程在棚内养殖的放养密度一般为 80～120 尾/米^2。拆除大棚时间和方法同锅炉大棚加温提早培苗模式。

池塘直放苗养殖模式。当池塘自然水温稳定在 22 ℃以上时，直接投放淡化苗进行养殖。江苏、浙江地区一般在 5 月放苗，广东地区一般在 4 月放苗，放养密度一般为 4 万～6 万尾/亩。该模式投入相对较低，产出相对较低，适合面积大的养殖主体。

（4）饲养管理　苗种下池后，第二天开始投喂虾片和配合饲料粉料，同时添加含有微量元素和矿物质的动保产品以提高蜕壳期的成活率，投喂一周后开始添加粗蛋白含量为 43%的罗氏沼虾颗粒饲料，3 天后转为全投罗氏沼虾颗粒饲料，投喂 10 天后开始添加粗蛋白含量为 41%的大破碎料，随后根据虾体规格投喂适口饲料。温棚标粗阶段，每日早、晚各投喂 1 次，投喂量为早上占 40%，傍晚占 60%，前期虾苗日投喂量占虾体重的 100%，随着虾苗的长大逐渐降低至 3%～5%。在池内设置食台，以投喂后 2 小时左右摄食完为宜，并根据天气、蜕壳和吃食情况等适当调整。

（5）日常管理　虾苗放养后，要每日巡塘 2～3 次，坚持每天测量水体的水温、pH、亚硝酸盐、氨氮等各项指标，根据需要使用微生态制剂调节水质。定时观察虾活动及吃食情况，一旦发现异常及时采取相应措施。认真记录天气、水温、饲料投喂、用药、起捕上市等养殖档案数据。

（6）捕捞收获　当养殖至 120 天左右，部分虾体长达到 6 厘米时，可采用降低水位拉网方式捕捞，将虾拉至网箱，挑选大虾集中售卖，小规格虾继续留塘养殖。

2. 罗氏沼虾与河蟹混养模式

（1）养殖环境　虾蟹混养一般在原有河蟹养殖池塘进行，养殖环境要求参照单养模式。

（2）种植水草　池塘栽种伊乐藻、轮叶黑藻、苦草。池塘中间挖一条 4 米宽、0.7 米深的中央沟，除了中央沟与池塘四周离池边 4 米一周外种植水草，种草前 1 天将水位降低至 10 厘米左右，压土种植伊乐藻，植株间距 2.5～3.5 米，并视情况间种矮生枯草和轮叶黑藻，每间隔 15 米形成 4 米宽的无草带，每个池塘形成多个规则的长方形水草区，水草覆盖率为池塘的 60%。在虾沟中栽种轮叶黑藻或伊乐藻，水草覆盖率为 40%～50%。

（3）苗种放养　2 月底至 3 月初放养规格 80～140 只/千克的蟹种，每亩

800～1 200只；5月底至6月初放养规格80～100尾/千克的罗氏沼虾标粗苗种，每亩300～400尾。通过放养大规格苗种可减少养殖早期河蟹对罗氏沼虾的捕食，提高罗氏沼虾的成活率和增大收获规格。

（4）饲养管理　全程投喂以河蟹配合饲料为主，3—4月投喂粗蛋白含量为42%的饲料，每2～3天投喂1次；5—6月投喂粗蛋白含量为40%的饲料，每隔1天投喂1次；6月罗氏沼虾下塘后加投粗蛋白含量为41%的罗氏沼虾专用配合饲料，根据虾个体大小选择适口的粒径；7—8月投喂粗蛋白含量为38%的河蟹配合饲料，罗氏沼虾饲料不变；9月投喂粗蛋白含量为42%的河蟹育肥料。在池塘设置食台，观察虾蟹吃食情况，灵活调节投喂量。

（5）日常管理　日常管理要求参照单养模式。

（6）捕捞收获　8月中旬开始使用特定地笼捕捞罗氏沼虾，地笼尾部高出水面并开口，方便河蟹爬出；前期用地笼捕捞，当水温低于18 ℃时，用虾拖网集中捕捞。河蟹在9月下旬至10月下旬使用地笼捕捞上市。

（二）主要病害防治方法

由于养殖规模和养殖密度的不断增加、养殖水环境恶化以及养殖品种种质退化等因素，近年来罗氏沼虾病害问题较为突出，疾病呈现暴发的趋势，并且涉及的病原种类复杂多样，常见病害有虹彩病毒病、滴心病、“铁虾”病、偷死野田村病毒病等。具体可采取以下措施：

（1）严格执行苗种检疫制度，保证虾苗不携带特定病原。

（2）每个养殖周期结束后要进行干塘清淤、晒塘，放苗前使用生石灰或漂白粉彻底清塘。

（3）保持合理放养密度，建议罗氏沼虾每亩放苗量不超过7万尾。

（4）投喂优质专用配合饲料，定期在饲料中添加中草药制剂、益生菌、抗应激制剂及免疫多糖等，以提高罗氏沼虾免疫力与抗病力。

（5）合理配置增氧设备，保证养殖过程溶解氧充足。

（6）定期使用碘制剂、氯制剂等对水体消毒，每次拉网操作前后需对工具消毒。

（7）定期使用微生态制剂调节水质、改善底质。

四、育种和苗种供应单位

（一）育种单位

1. 江苏鼎和水产科技发展有限公司

地址和邮编：江苏省泰州市农业开发区芝田路158号，225300

联系人：宫金华
电话：19515757222

2. 江苏省渔业技术推广中心

地址和邮编：江苏省南京市汉中门大街302号，210036
联系人：张敏
电话：025-86903092

3. 上海海洋大学

地址和邮编：上海市浦东新区沪城环路999号，201306
联系人：冯建彬
电话：15692166652

4. 泰州市农业科学院

地址和邮编：江苏省泰州市海陵区秋雪湖大道56号，225300
联系人：冯亚明
电话：0523-86155822

（二）苗种供应单位

江苏鼎和水产科技发展有限公司

地址和邮编：江苏省泰州市农业开发区芝田路158号，225300
联系人：宫金华
电话：19515757222

五、编写人员名单

陈焕根、宫金华、张敏、冯冰冰、冯建彬、冯亚明等

凡纳滨对虾"中兴 2 号"

一、品种概况

（一）培育背景

凡纳滨对虾，又称南美白对虾，通用名太平洋白虾，主要分布于太平洋西海岸至墨西哥湾一带。2022 年，我国凡纳滨对虾养殖产量超过 209 万吨，占全国对虾养殖产量的 90%以上（《2023 中国渔业统计年鉴》）。

病害是制约我国对虾养殖业发展的瓶颈，2021 年凡纳滨对虾因疾病造成测算经济损失约 57 亿元（《2022 中国水生动物卫生状况报告》）。由带毒力基因（*pirA*/*pirB*）的副溶血弧菌感染引起的急性肝胰腺坏死病（AHPND），是危害全球对虾健康养殖的主要疾病之一，2013 年导致全球对虾养殖损失 23%，我国损失 17%。据《2022 中国水生动物卫生状况报告》，过去 10 年的流行病学调查发现，携带毒力基因（*pirA*/*pirB*）的副溶血弧菌年平均阳性样品检出率约为 10.0%。2022 年，国家虾蟹产业技术体系岗位科学家张庆利研究员于 2022 年 1—10 月，对辽宁、天津、山东、浙江、福建、江苏、广东、广西和海南 9 个省（自治区、市），调研了 1 076 份对虾样品，AHPND 阳性检出率为 19.8%（《2022 年国家虾蟹产业技术体系报告》）。

2010—2023 年，全国水产原种和良种审定委员会审定了 12 个凡纳滨对虾新品种，其中抗病品种 2 个，包括 2010 年审定通过的高抗 WSSV 的凡纳滨对虾"中兴 1 号"和 2022 年通过审定的高抗哈氏弧菌的凡纳滨对虾"海茂 1 号"。目前，缺少对凡纳滨对虾危害严重的副溶血弧菌高抗品种。

（二）育种过程

1. 亲本来源

凡纳滨对虾"中兴 2 号"的亲本是从美国夏威夷海洋研究所（OI）引进的、针对养殖成活率选育的 OI-1503-01 群体和从泰国日夜快暹罗水产养殖有限公司（Syaqua）引进的群体（命名为 F 系）。

（1）基础群体 1（OI-1503-01）是广东恒兴集团有限公司于 2002 年从

美国 OI 引进的，2003—2010 年针对养殖存活率进行了 8 代家系选育后保留的群体。

（2）基础群体 2（F 系）是湛江恒兴南方海洋科技有限公司（广东恒兴饲料实业股份有限公司全资子公司）于 2015 年从泰国日夜快暹罗水产养殖有限公司引进的群体。

2. 技术路线

凡纳滨对虾“中兴 2 号”培育技术路线见图 1。

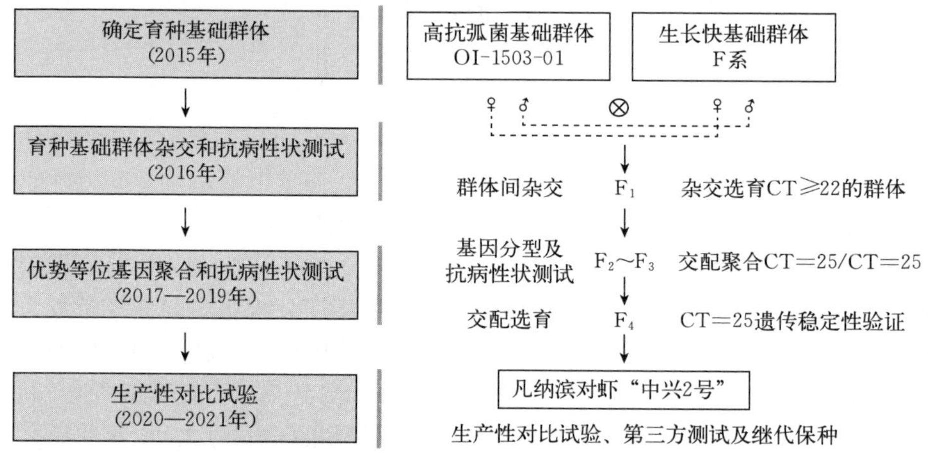

图 1　凡纳滨对虾“中兴 2 号”培育技术路线

3. 培（选）育过程

（1）2015 年，育种基础种群的确定　选择具有养殖存活率高、抗副溶血弧菌性状优势的 OI-1503-01 群体和生长速度快的 F 系群体作为基础群体。

（2）2016 年，基础群体杂交构建含等位基因 CT≥22 的群体　2016 年，通过个体基因分型技术挑选含有等位基因 CT≥22 的个体共 147 尾。其中，从 OI-1503-01 群体中挑选 70 尾种虾（雄虾 31 尾、雌虾 39 尾），从 F 系群体挑选 77 尾种虾（雄虾 32 尾、雌虾 45 尾）。两个基础群体的种虾进行杂交（雌雄个体分别来自两个群体），培育出 F_1 群体。

（3）2017 年，构建含等位基因型 CT=25 的群体　通过个体基因分型技术挑选含有等位基因 CT=25 的个体共 36 尾，其中雄虾 16 尾、雌虾 20 尾，进行交配获得 F_2 群体。

（4）2018 年，构建等位基因型 CT=25 的纯合群体　通过个体基因分型技术挑选等位基因型为 IRF-CT=25 的个体共 27 尾，其中雄虾 13 尾、雌虾 14 尾，进行交配获得 F_3 群体。

（5）2019 年，CT=25 纯合群体的遗传稳定性检验　通过个体基因分型技术挑选等位基因型为 IRF-CT=25 的个体共 102 尾，其中雄虾 40 尾、雌虾 62 尾，进行交配获得 F_4 群体。

（6）2020 年，凡纳滨对虾“中兴 2 号”继代保种　开展分型检测，从 F_4 群体中随机挑选种虾共 346 尾（雄虾 153 尾、雌虾 193 尾）进行交配，获得的群体为新品种凡纳滨对虾“中兴 2 号”。

（三）品种特性和中试情况

1. 品种特性

在相同养殖条件下，与凡纳滨对虾“中兴 1 号”相比，“中兴 2 号”抗副溶血弧菌性状提高 26.33%，养殖成活率提高 10.64%，亩产提高 17.87%；与基础群体 F 系相比，“中兴 2 号”抗副溶血弧菌性状提高 63.64%，养殖成活率提高 15.72%，亩产提高 29.79%。

2. 中试情况

2019—2021 年，在广东湛江南部海岸渔业有限公司（位于徐闻县和安镇）连续 3 年开展养殖小试；2020—2021 年在天津玉清水产科技发展有限公司、河北省黄骅市南排河胜通育苗厂、广东潮州市饶平县翔海种养专业合作社、广东茂名冠利达海洋生物有限责任公司，连续 2 年开展凡纳滨对虾“中兴 2 号”与对照养殖群体完整周期的生产性对比试验，累积试验面积 3 781 亩。试验结果表明，凡纳滨对虾“中兴 2 号”性状能够稳定遗传，与对照养殖对虾群体相比，养殖成活率提高 10.64%以上，亩产提高 17.87%以上。适宜在全国水温 18～35 ℃和盐度 3～42 的人工可控的水体中养殖。

二、人工繁殖技术

（一）亲本选择与培育

1. 亲本选择

从选定的基础群体中挑选后备亲本，入选的后备亲本需符合以下要求：

（1）表型性状　虾体完整，体质强壮，附肢健全，体色透明，胃肠饱满，体表光滑，无附着生物，无外观病征；挑选雌虾体重大于 25 克、雄虾体重大于 20 克，性腺发育正常的个体作为后备亲虾。

（2）病原检测　经 PCR 检测，挑选的后备亲本需不含白斑综合征病毒（WSSV）、十足目虹彩病毒 1（DIV1）、传染性皮下及造血组织坏死病毒（IHHNV）、虾肝肠胞虫（EHP）、对虾传染性肌肉坏死病毒（IMNV）和致急性肝胰腺坏死病副溶血弧菌（VP_{AHPND}）等病原。

2. 亲本培育

（1）培育前的准备工作　海区水质经检测符合《渔业水质标准》（GB 11607—1989）的规定，进水前对培育池进行消毒，进水后施肥培养饵料生物。

（2）苗种选择　用于凡纳滨对虾“中兴 2 号”亲本培育的虾苗，来自中山大学和广东恒兴饲料股份实业有限公司共同选育的抗副溶血弧菌核心选育群。要求经检疫部门检疫合格，为无特定病原（SPF）的虾苗。

（3）饲料和投饵　放苗的翌日即开始投喂人工配合饲料，每万尾虾苗日投喂量为 0.06 千克，以后每天递增 10%。根据料台摄食情况调整下一餐及第 2 天同一餐次的投喂量。

（4）病害防治

① 贯彻“无病先防、有病早治、防重于治”的方针。不定期在配合饲料中加入各类营养添加剂、免疫增强剂，增强对虾自身免疫力。药物的使用符合《水产养殖用药明白纸》的规定。

② 制订并执行隔离防疫制度。实行分区专池隔离培育，不得混用器具。饵料生物经检验检疫合格后方能投喂。

（5）亲本留选和建档

① 留选标准。虾体完整，个体大，体质强壮，附肢健全，体色透明，胃肠饱满，体表光滑，无附着生物，无外观病征，雄虾精荚发育良好，无发黄发黑情况；经 PCR 检测，不含白斑综合征病毒（WSSV）、十足目虹彩病毒 1（DIV1）、传染性皮下及造血组织坏死病毒（IHHNV）、虾肝肠胞虫（EHP）、对虾传染性肌肉坏死病毒（IMNV）和致急性肝胰腺坏死病副溶血性弧菌（VP_{AHPND}）等病原。

② 建档。亲本培育全过程同步建立准确和完整的档案，包括种源记录、繁育记录、亲本培育记录。

（二）人工繁殖

1. 亲虾促熟培育条件

雌、雄亲虾要分池培育，培育密度一般为 10～15 尾/米^2，雌雄比以 1∶（1～1.2）为宜。

2. 亲虾培育环境

亲虾切除单侧眼柄后，水温控制在 27～30 ℃；pH 为 8.0～8.3，总氨氮量小于 0.6 毫克/升，溶解氧 5 毫克/升以上。投喂新鲜的沙蚕、鱿鱼等优质饵料，可在投喂的饵料中添加少量维生素 E 和少量维生素 C。

3. 亲虾交配及产卵

选择体型较大、精荚发育良好的雄虾和性腺发育成熟的雌虾，采用自然交配的方式进行交配。已交配的亲虾一般在21:00至翌日3:00产卵，产卵期间尽量保持安静，尽量减少人为的干扰，以免惊吓亲虾，影响受精率。

4. 孵化

受精卵的孵化密度一般为30万～80万粒/米³。孵化水温保持在28～30℃，盐度26以上。孵化过程中，每1～2小时用搅卵器搅动池水1次，将沉于池底的卵轻轻翻动起来。在水温28～30℃条件下，受精卵经13～15h孵化出无节幼体。

5. 幼体检疫

经检疫部门检疫合格，为无特定病原（SPF）的健康幼体，方可销售或使用。

（三）苗种培育

1. 凡纳滨对虾虾苗培育技术

经检疫不携带特定病原体的健康无节幼体可继续培育。

（1）育苗水质控制　苗种培育过程中，保持pH 7.8～8.6，溶解氧5毫克/升以上，化学耗氧量5毫克/升以下，总氨氮0.5毫克/升以下，亚硝酸盐氮0.1毫克/升以下，硫化氢不得检出。可通过适量投饵、换水、保持适量藻类、施用有益微生物制剂等使水质保持良好。

（2）适量投饵　在育苗过程中除了参照标准投喂量投喂外，还要根据幼体实际摄食情况和水质情况及时调整投喂量，做到既充足又不浪费。

（3）适量换水　溞状幼体期，添加水，每次20厘米或一次加满水；糠虾幼体期，视情况换水1～2次；仔虾期，换水1～3次，每次换水30%～40%。

（4）虾苗质量的检测　检测分两步：第一步，随机捞取虾苗，发现死苗为不合格，出现畸形或空肠空胃为不合格；第二步，选择体表干净、附肢齐全者进行温差法检测：用苗勺捞起约500尾虾苗，置于4～6℃水中约10秒，再放回原池水，30分钟内成活率达到90%以上者，即为优质种苗。虾苗经PCR一步法（取样100尾以上）检不出白斑综合征病毒（WSSV）、传染性皮下及造血组织坏死病毒（IHHNV）和桃拉综合征病毒（TSV）者为优质虾苗，可以对其进行强化培育。

三、健康养殖技术

（一）健康养殖（生态养殖）模式和配套技术

1. 池塘混养模式

（1）清塘与消毒　清理池底特别是排污区由残饵、粪便、死虾、死藻、有机碎屑等形成的污染物，通过暴晒等方式进行消毒。

（2）养殖用水处理　采用综合措施处理养殖用水，具体措施是先经过沙滤，然后采用有效氯浓度15～20克/米^{3}的次氯酸钠或漂粉精等含氯消毒剂处理养殖用水，余氯消失后（3～5天）采用（1～10）×10^5细胞/毫升的光合细菌或芽孢杆菌进行处理，5～7天后可以使用。在海水悬浮颗粒过多时需加大光合细菌或芽孢杆菌用量。

（3）放苗前水色培养　在放苗前5～7天，养殖水体合理施用浮游微藻营养素。施用量依养殖池塘的状况而不同，不宜过度，以免增加养殖环境负荷，导致养殖池塘的富营养化。

池底有机质丰富的池塘（肥塘）：施用含溶解态养分（氮、磷为主，N∶P＞10∶1）适宜绿藻和硅藻繁殖生长的无机营养素。

池底干净的池塘（新池、铺膜池、沙质底的池、清淤彻底的池）：施用含氮、磷、有机质、微生物、发酵物等多种成分的有机、无机营养素，既能快速培养绿藻和硅藻，又能保持长久肥效。

（4）施用有益芽孢杆菌　在放苗前5～7天施用浮游微藻营养素，在放苗当天或隔天，施用含有效菌1×10^9细胞/毫升以上的芽孢杆菌粉状制剂，施用量为1～2毫克/升，使养殖水体的芽孢杆菌数达到1×10^3细胞/毫升。使用时将芽孢杆菌粉状制剂与花生麸或米糠或饲料粉末按1∶（0.3～1）的比例混合搅匀，加入10～20倍池水浸泡4～5小时，再全池均匀泼洒。

（5）科学投饵　依据对虾的体长、体重确定日投饵量；再根据对虾摄食情况调整日投饵量。

① 成活率的确定和估算。旋网取样。放苗一个月后，虾生长至体长5厘米以上时，可用旋网不同点取样，多次捕虾，计算虾存活率。

存活数＝平均每网捕到虾数（尾）÷网面积（米^2）×虾池面积（米^2）×K

K为经验系数，水深1米、对虾体长6～7厘米时，K＝1.4；水深1.2米、对虾体长6～7厘米时，K＝1.5；水深1米、对虾体长8～9厘米时，K＝1.2；水深1.2米、对虾体长8～9厘米时，K＝1.3。

② 饵料投喂。如果水深1米左右，水色为褐色或绿色，透明度在30厘米左右，说明池中存在大量的浮游动物，这些浮游动物是优质饵料，它比颗粒饲料好得多。放苗密度不宜大，一般每亩1万～2万尾，放苗15天内少投或不投饲料。投饵量参考表1，料型转换、料台量及测试时间见表2。

表1　对虾养殖前期投饵量参考表（以10万尾苗计算）

日龄	增加量（千克/天）	日投喂量（千克/天）	料型	日龄	增加量（千克/天）	日投喂量（千克/天）	料型
1	0.1	0.5	0	11	0.1	1.5	0+1
2	0.1	0.6	0	12	0.1	1.6	1

（续）

日龄	增加量（千克/天）	日投喂量（千克/天）	料型	日龄	增加量（千克/天）	日投喂量（千克/天）	料型
3	0.1	0.7	0	13	0.1	1.7	1
4	0.1	0.8	0	14	0.1	1.8	1
5	0.1	0.9	0	15	0.1	1.9	1
6	0.1	1.0	0	16	0.2	2.1	1
7	0.1	1.1	0	17	0.2	2.3	1
8	0.1	1.2	0+1	18	0.2	2.5	1
9	0.1	1.3	0+1	19	0.2	2.7	1
10	0.1	1.4	0+1	20	0.2	2.9	1

表2　料型转换、料台量及测试时间表

日龄（天）	1	10	20	30	40	50	60	70	80	90	100	110	120	130	140
料型	0	0+1	1	1+2	2	2	2+3	3	3	3	3	3	3	3	3
料台量（%）	1.0	1.0	1.0	1.5	1.5	1.5	2.0	2.0	2.0	2.5	2.5	2.5	/	/	/
测试时间（分钟）	/	/	/	120	120	90	90	90	90	60	60	60	60	45	45

（6）养殖过程的水环境调控　可通过以下措施调控养殖过程的水环境。

① 有限量水交换。养殖前期（放苗后30～60天）不换水和添水，减少与外部水源的交流，规避风险；养殖中期逐渐加水至满水位；养殖后期视水质变化和水源质量适当换水，每次的水交换量为养殖池塘总水量的5%～15%，保持养殖水环境的稳定。水需经过滤或沉淀、消毒以后再进入养虾池塘，避免水源带来污染和病原。应设置蓄水池。

② 适量追施浮游微藻营养素。放苗前后，由于浮游微藻的繁殖快速降低了养殖水体营养水平，影响浮游微藻持续繁殖生长，使水色变浅，透明度加大。这时，可适量追施含可溶性氨基酸、生理活性物质、微量元素等成分的溶解态营养素，稳定浮游微藻的繁殖生长，使水色稳定持久。

③ 定期施放芽孢杆菌降解代谢产物。放苗前施放芽孢杆菌制剂，在养殖过程中每隔7～10天追施1次，施用量为首次的50%，直到对虾收获。

④ 视水质变化施用光合细菌。养殖过程出现水色变深、氨氮过高、阴雨天气时施用光合细菌。光合细菌的作用：通过光合作用与浮游微藻争夺水体营养，防控浮游微藻的过度繁殖，减轻水体富营养化；快速吸收利用氨氮，使水

体氨氮含量降低；在弱光条件下进行光合作用净化水质。按说明书推荐剂量施用。

⑤ 视水质变化施用乳酸杆菌和芽孢杆菌等有益菌调控水质。养殖过程出现水质老化、溶解有机物多、亚硝酸盐高、pH 过高时施用乳酸杆菌。乳酸杆菌可以快速利用溶解态有机物如有机酸、糖、肽等。养殖过程因大雨、降温、转风向、使用消毒剂或杀虫剂不当引起微藻死亡发生“倒藻”时，施用芽孢杆菌降解微藻类残体，同时施用微藻营养素重新培养浮游微藻，营造良好水色。

⑥ 常规使用养殖环境调节剂。养殖中后期每隔 10～15 天，使用水产养殖环境调节剂或沸石粉等，施用量为每公顷每米水深 0.15～0.2 千克，吸附小分子污染物，使水质清新，并防控微藻过度繁殖。

⑦ 虾塘的日常管理。每天早、中、晚 3 次巡塘，记录每天早、晚测定的气温、水温、盐度、pH、水色、透明度等。每周测定氨氮、亚硝酸盐、硫化氢等水质情况，对虾活动分布情况、对虾生长及摄食情况，以及浮游生物的种类与数量，等等。做好记录。

（7）对虾的应激及处理

① 台风和暴雨等天气突变时的防病措施。

天气突变前：密切关注当地气象预报。在暴雨和台风到来 2 天前，尤其由于冷、暖空气交汇，天气变得无风、闷热，即出现“锋面效应”时，可用新活菌王、光合细菌等微生物制剂全池泼洒，控制水质，投喂免疫增强剂和抗应激制剂，并适当减少投饵量。

天气突变中：为防止水体分层，有增氧设备的一定要增氧，无增氧设备的在傍晚泼洒增氧剂，防止虾浮头、泛池。台风中停止投饵，注意观察水体是否分层。有条件的应把上层淡水排掉。

天气突变后：根据摄食情况调整饵料，恢复有益藻相。台风过后病原会大量滋生，应适当采取消毒措施杀灭病原。但此时因盐度、温度变化较大，藻相不稳定，所以要选择对水环境、底质破坏力小的消毒方式。

② 季节变换时的应对措施。

低温期：提前采用全封闭养殖模式，如确需进水，水须经过严格的蓄水沉淀池处理后方可使用。使用高品质微生物水质、底质改良剂配合全水溶性优质肥以维持养殖全程的藻相和菌相的稳定平衡，确保溶解氧充足和稳定，确保水质爽活和底质洁净。换季时节对虾对饲料要求更高，因此建议选择优质饲料，以确保对虾的营养需求。

高温期：a. 加强增氧。配备水泵和增氧机，在傍晚或凌晨注入新鲜的水及增氧，集约式养虾必须全日增氧，防止虾浮头造成死亡。b. 科学投饵。饲料要新鲜优质，要酌情减少投喂量，增加投饵次数，有时甚至要暂停投饵，及时清除残饵，减少污染。c. 调节水质。适当换水，适当增施有益菌，改善水质。注入虾池的新水应先经沉淀过滤消毒。及时吸污、排除池底的污物，保持水质新鲜。在虾池中适当施用消毒药物及少量石灰水改善水质，调节 pH。必要时可在饲料中添加免疫或预防疾病的内服药，制成药饵投喂，防止虾病发生。

（二）主要病害防治方法

研究表明，凡纳滨对虾抗白斑综合征病毒性状与抗细菌性状存在拮抗作用，表现为抗白斑综合征病毒性状强的对虾对细菌易感，抗细菌性状强的对虾对白斑综合征病毒易感。因此凡纳滨对虾“中兴2号”作为抗细菌品系，养殖过程中要特别注意病毒病的生物防控工作。

对虾病毒病原如白斑综合征病毒、虹彩病毒等，主要通过健康虾摄食病死虾进行传播和暴发流行。采用鱼虾混养技术，通过投放鱼类清除病死对虾，可有效切断病毒传播途径，起到生物防控的效果。

防控对虾病毒病投放的鱼种包括草鱼、胡子鲶、罗非鱼、石斑鱼、卵形鲳鲹等。

（1）草鱼　适合盐度8以下的养殖区，适合对虾苗种密度3万～10万尾/亩，不同养殖模式下的放养密度不同。虾苗养殖20～30天，每亩投放30～60尾规格为0.5～1.0千克/尾的草鱼。

（2）胡子鲶　适合盐度6以下的养殖区，适合对虾苗种密度3万～10万尾/亩，虾苗养殖10天左右，每亩投放40～60尾规格为0.15～0.5千克/尾的胡子鲶。

（3）罗非鱼　适合盐度20以下的养殖区，适合对虾苗种密度3万～10万尾/亩，不同养殖模式下的放养密度不同。虾苗养殖10天左右，每亩投放100～200尾规格为50克/尾的罗非鱼。

（4）石斑鱼　适合盐度25～35的养殖区，适合对虾苗种密度3万～10万尾/亩，不同养殖模式下的放养密度不同。虾苗养殖10～15天，每亩投放60～150尾规格为150克/尾的石斑鱼。同时每亩可投放150尾左右规格为100克/尾的篮子鱼。

（5）卵形鲳鲹　适合盐度20～30的养殖区，适合对虾苗种密度3万～10万尾/亩，不同养殖模式下的放养密度不同。虾苗养殖10～15天，每亩投放30～60尾规格为100克/尾的卵形鲳鲹。同时每亩可投放150尾左右规格为100克/尾的篮子鱼。卵形鲳鲹对低氧条件耐受能力较差，注意增氧。

（6）控制饲料投喂　严格控制饲料投喂量和次数；一旦发现病虾，需要停止投喂饲料1～2天，直到没有发现病虾为止。

四、育种和苗种供应单位

（一）育种单位

1. 广东恒兴饲料实业股份有限公司

地址和邮编：广东省湛江市经济开发区乐山路 23 号恒兴大厦 15 楼，524022

联系人：陈奕彬

电话：18476925370

2. 中山大学

地址和邮编：广东省广州市海珠区新港西路 135 号，510275

联系人：尹斌

电话：18320712068

（二）苗种供应单位

广东恒兴饲料实业股份有限公司

地址和邮编：广东省湛江市经济开发区乐山路 23 号恒兴大厦 15 楼，524022

联系人：陈奕彬

电话：18476925370

五、编写人员名单

陈丹、陈奕彬、胡一丞、李朝政、尹斌、李色东等

凡纳滨对虾“海景洲1号”

一、品种概况

（一）培育背景

对虾在我国从南到北均有养殖，养殖环境和养殖模式复杂，我国养殖的凡纳滨对虾在设施化程度低的开放式户外池塘水面养殖为主的粗放式模式中，长期受到病毒、细菌和寄生虫病害的严重困扰。白斑综合征自1992年暴发以来，已在世界范围内传播开来，每年给对虾养殖业造成巨大经济损失，至今仍未得到完全控制，成为目前对虾养殖业可持续发展的主要障碍之一。1995年，国际兽疫局（OIE）、联合国粮农组织（FAO）以及亚太地区水产养殖发展网络中心（NACA）将其列为需要报告的水生动物病毒性疫病之一，成为全球对虾养殖业面临的最严重的病害。近年来，白斑综合征仍然是我国当前对虾养殖的主要威胁，2022年农业农村部新修订的《一、二、三类动物疫病病种名录》将白斑综合征列为二类动物疫病。白斑综合征病毒（WSSV）宿主范围广、致死率高。我国主养的对虾品种，包括凡纳滨对虾、斑节对虾、日本囊对虾、中国明对虾等均是WSSV的易感宿主，WSSV感染可以导致这些养殖虾类3～14天内发生高达100%的死亡率。每年给我国对虾养殖业造成了超10亿元经济损失。近年来的流行病学调查发现，白斑综合征主要暴发于山东、浙江、福建、广东和江苏等沿海对虾养殖地区，患病对虾的病毒检出率和死亡率较高。2021年，农业农村部实施“2021年国家水生动物疫病监测计划”，在全国122个成虾养殖场开展WSSV检测，其中WSSV阳性26个，检出率21.3%（《2022中国水生动物卫生状况报告》）。2022年，国家虾蟹产业技术体系于1—10月，对9个省市调研了1 076份对虾样品，WSSV阳性检出率位于前列，检出率最高的3种病原分别为致玻璃苗弧菌（42.6%）、WSSV（28.0%）、急性肝胰腺坏死病副溶血弧菌（19.8%）（《2022年国家虾蟹产业技术体系报告》）。WSSV是对虾死亡的主要病原之一，培育抗WSSV凡纳滨对虾品种是解决白斑综合征危害最有效的途径之一，具有迫切的育种需求。因此，定向选育抗病性强、养殖成活率高、生长速度快、环境适应能力好的抗病新品种，是我国凡纳滨对虾养殖产业可持续发展的迫切需求。

（二）育种过程

1. 亲本来源

凡纳滨对虾“海景洲 1 号”是以 2014 年从美国佛罗里达群体和夏威夷群体中分别挑选 400 尾和 800 尾作为基础群体。选育基础群体外表无伤痕、无畸形，经 PCR 检测 WSSV、IHHNV、TSV、IMNV、YHV 等病原呈阴性。

2. 技术路线

凡纳滨对虾“海景洲 1 号”培育技术路线见图 1。

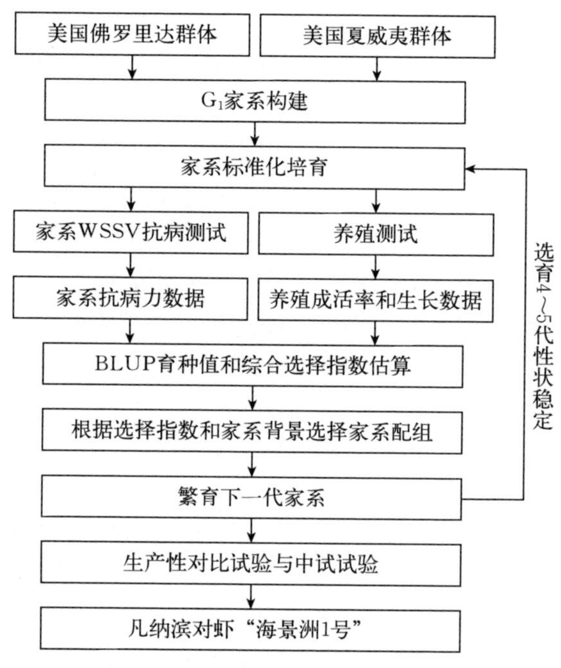

图 1　凡纳滨对虾“海景洲 1 号”培育技术路线

3. 培（选）育过程

2014 年 5 月引进凡纳滨对虾佛罗里达群体种虾 1 575 尾；另于 2014 年 10 月和 12 月陆续从美国引进 2 个凡纳滨对虾夏威夷群体种虾 2 150 尾。经进口隔离检疫后，对 2 个地理种群凡纳滨对虾群体进行系谱分析、WSSV 抗病性能、养殖性能初步测定评估，选择体表健康、性能优良的种虾作为基础群体，采用基于 BLUP 育种值的规模化家系多性状复合育种技术，以白斑综合征病毒抗性为主要选育目标（选择指数权重为 70%），同时兼顾养殖成活率和收获体重性状（选择指数权重分别为 20%和 10%），进行新品种的选育，每年选育一个世代，经连续多年选育获得 WSSV 抗病性强、养殖成活率高、性状稳定的凡纳滨对虾新品种。2015—2019 年，经 5 个世代连续选育，凡纳滨对虾“海景洲 1 号”选育群体家系在 WSSV 攻毒测试条件下，抗 WSSV 半致死时间性状均值不断提高，半致死时间由 G_1 平均 122.1 小时至 G_5 时提高到 154.2 小时，实现遗传进展 42.90%；在共同环境养殖测试条件下，凡纳滨对虾“海景洲 1 号”选育群体家系养殖成活率性状均值由 G_1 的 73.1%至 G_5 时提高到 86.1%，相对对照组，实现累计遗传进展 26.23%；收获体重性状均值，由 G_1 的 16.1 克至 G_5 时提高到 17.9 克，相对对照组，实现累计遗传进展 14.34%。同时，随着选育的进行，从 G_1 到 G_5 抗 WSSV 半致死时间、养殖成活率和收获体重的变异系数呈现下降趋势，性状日趋稳定。

（三）品种特性和中试情况

1. 品种特性

凡纳滨对虾“海景洲 1 号”的 WSSV 抗病性、养殖成活率和收获体重相对未选育群体和对照群体均有较大提高，具有良好的生产性能。在相同养殖条件下，与凡纳滨对虾“中兴 1 号”相比，100 日龄养殖成活率提高 20.33%、体重提高 10.15%，适宜在全国水温为 18～32 ℃和盐度为 2～35 的人工可控的水体中养殖。

2. 中试情况

2018—2022 年，在广东、海南、江苏、山东等地进行养殖小试和中试，并在山东养殖区 2 个试验点和广东养殖区 2 个试验点，连续 2 年开展“海景洲 1 号”与对照品种完整周期的生产性对比试验，累计试验面积 5 862 亩。试验结果表明，“海景洲 1 号”性状遗传稳定，与对照品种“中兴 1 号”相比，WSSV 抗病性提高 25.64%以上，养殖成活率提高 20.33%，收获体重提高 10.15%，养殖产量增加 32.55%～43.31%。“海景洲 1 号”具有更强的 WSSV 抗病性，遗传稳定性好，个体变异系数低，收获规格整齐，保产和增产能力强。

二、人工繁殖技术

（一）亲本选择与培育

1. 亲本选择

凡纳滨对虾“海景洲 1 号”亲本为来自广东海兴农集团有限公司选育基地的性成熟亲虾。亲虾的质量要求如下。①养殖日龄：雌虾、雄虾≥210 天。②个体规格：雌虾体长≥15 厘米，体重≥45 克；雄虾体长≥14 厘米，体重≥

42克。③体表光滑，色泽鲜艳，胃肠充满食物，活力强，不携带WSSV、TSV、IHHNV、IMNV、EHP、EMS等病原。

2. 亲本培育

（1）培育环境　水温26～28℃，水温升降的日波动幅度控制在±1.0℃之内；盐度27～32；pH 7.9～8.3；溶解氧5毫克/升以上；光照度控制在50～200勒克斯，避免光线直射。

（2）饲养管理　雌、雄虾分池培育，放养密度为雄虾12尾/米^2，雌虾10尾/米^2。投喂要按时适量，以满足亲虾摄食需求为原则。采用无病源污染、检测合格的青虫和鱿鱼饲喂亲虾，每天投喂量为亲虾总体重的10%～15%（饵料以湿重计），日投饵4～5次，视摄食情况适当调整投喂量，以投喂30分钟内采食完为宜。

使用循环水系统或者每天换新海水，培育池水深50～60厘米。亲虾摘除眼柄后，2天内不换水，以后每天换水1次，每天8:00开始吸污，用虹吸方法吸去残饵和亲虾的排泄物，然后更换新水，日换水率50%～80%。加注新鲜海水的水温与原培育水温接近，温差不超过1℃。水质指标应控制在氨氮浓度<0.5毫克/升，亚硝酸盐浓度<0.5毫克/升，不间断充气，溶解氧>4毫克/升，保持水质良好。

（二）人工繁殖

亲虾催熟培育4～7天后，每天检查性腺发育情况。性腺成熟的雌虾，从背面观，卵巢饱满，呈橘红色，前叶伸至胃区，略呈“V”形。每天8:00—9:00挑选性腺成熟的雌虾移入雄虾培育池中让其自行自然交配。白天光强度500～1 000勒克斯。夜晚开启交配池上方的日光灯，光照度保持在200～300勒克斯。

产卵池经次氯酸钠、聚维酮碘等消毒剂严格消毒，用洁净海水冲洗干净后，注入海水1.0～1.3米，保持水温28～30℃，光照度50勒克斯以下，气石1个/米^2，微弱充气，以幼体不下沉为宜，保持安静。

每天20:00和23:00左右分两次检查交配池中雌雄交配情况，将已交配的雌虾用捞网轻轻捞出放入产卵池，密度4～6尾/米^2。未交配的雌虾在次日00:00前后捞出放回雌虾原培育池中。检查雌虾排卵、孵化率以及幼体质量等情况并记录。

受精卵的孵化密度为（3.0～8.0）×10^5粒/米^2。孵化池中气石密度为1个/米^2，充气使水呈微波状。受精卵孵化水温保持在28～30℃，每小时推卵1次，将沉底的卵轻轻翻动起来。在孵化过程中应及时用网把脏物捞出，并检查胚胎发育情况。孵化时间为12～13小时。

无节幼体全部孵化后，用200目筛绢网包裹的排水器将孵化池的水位排至50～60厘米深，在幼体收集槽中用200目的筛绢网箱收集无节幼体，除去脏物，移到500升的桶内，微充气。

进行无节幼体计数取样，取样前加大充气量，待无节幼体分布均匀后，用50毫升的取样杯随机取2杯水样进行计数，按幼体总数＝取样幼体数$\times10^4$尾，计算幼体数量。经品控部门检测合格、为健康的幼体，方可销售或使用。

（三）苗种培育

育苗池加入经过处理的海水，充气呈微波状，以幼体不下沉为宜；无节幼体阶段水温维持在（30±0.5）℃，溞状幼体至糠虾幼体阶段水温维持在（31±1）℃，仔虾阶段后水温维持在25～32℃；光照度控制在1 000～3 000勒克斯。

放养无节幼体前，必须对育苗池进行严格的清洁消毒，首先把育苗池壁、池底、气管、充气石、加温管等清洗干净。池底、池壁可用500毫克/升聚维酮碘溶液消毒3小时以上，然后用清水冲洗干净备用；气管、充气石则用1 000毫克/升次氯酸钠溶液浸泡12小时以上，再用清水冲洗干净备用。

无节幼体放养密度应根据育苗池的条件而定，一般为20万～30万尾/米^3。无节幼体入池前，育苗池水温控制在28～32℃，微弱充气。无节幼体入池前，应进行消毒。将幼体移入手捞网（200目筛绢网），用10×10^{-6}毫克/升聚维酮碘溶液浸泡5～10秒，取出迅速用干净海水冲洗，然后移入育苗池中。无节幼体不摄食，无需投饲。微弱充气，水温28～32℃，光照度500勒克斯以下。

保持水面在无节幼体阶段呈微沸状，溞状幼体阶段呈弱沸腾状，糠虾幼体阶段呈沸腾状，仔虾阶段呈强沸腾状。培育水温28～32℃。

育苗期间饵料投喂：投喂量应根据幼体的摄食、活动、生长发育、幼体密度、水中饵料密度、水质等情况灵活调整。

溞状幼体：投喂单胞藻3～5次/天，维持水中藻细胞密度（5～10）$\times10^4$细胞/毫升；投喂人工配合饵料4～6次/天，每万尾幼体每次投喂人工饵料2～3克。在不同的幼体发育阶段，使用不同规格的筛绢网搓洗饵料颗粒投喂。溞状幼体1期用250目筛绢网，溞状幼体2期、溞状幼体3期用200目筛绢网。视幼体发育情况，可定期添加一定量的益生菌预防疾病，增强体质，确保幼体顺利发育生长。

糠虾幼体：投喂单胞藻3～5次/天，维持水中藻细胞密度（5～10）$\times10^4$细胞/毫升，投喂人工配合饲料4～6次/天，每万尾幼体每次投喂人工饵料6～8克，糠虾期饵料搓洗所用筛绢网目为150目。

仔虾：随着仔虾的长大，饵料搓洗所用筛绢网目由 120 目到 100 目到 80 目逐渐更换。仔虾阶段以投喂卤虫无节幼体为主，投喂量以投喂后半小时摄食完成为宜，兼投少量虾片。

定期肉眼或者应用显微镜检查幼体的健康状况、摄食和发育情况，并以此对幼体培育的日常管理进行调整。在水温 28～32 ℃，幼体生长发育正常的情况下，无节幼体 1 期（N1）→溞状幼体 1 期（Z1）需 30～40 小时，溞状幼体 1 期（Z1）→糠虾幼体 1 期（M1）需 3.5～4.5 天，糠虾幼体 1 期（M1）→仔虾 1 期（P1）需 3～4 天，仔虾 1 期（P1）→体长为 0.6 厘米的虾苗约需 7 天。虾苗摄食良好时，胃肠充满食物，肠蠕动有力。溞状幼体期拖便，拖便长度为体长的 1～3 倍；糠虾幼体期大部分（75％以上）拖便，拖便长度为体长的 20％～50％。

每天检测氨氮、亚硝酸盐以及 pH，氨氮浓度＜0.5 毫克/升，亚硝酸盐浓度＜0.5 毫克/升，根据实际检测值确定换水量，并添加适量益生菌调控水质。

健康的幼体活力好，趋光性强，胃肠充满食物，体表无黏附物，附肢完整无畸形，体色无白浊、不变红，色泽清晰，肌肉饱满。经品控部门检验合格，为无特定病原（SPF）的健康幼体方可销售或使用。

三、健康养殖技术

（一）健康养殖（生态养殖）模式和配套技术

养殖地环境和水质条件要求符合我国水产养殖的相关规定，通水、通电、交通方便，环境无污染，水源丰富、洁净。室外池塘面积以 1 000～10 000 米^{2}为宜，池形设置应有利于水体的交换和污物的排出，一般以长方形为宜，长宽比例≤3∶2。池深为 2.0～2.5 米，水深 1.5～2.0 米。进水、排水管道独立分开设置。

苗种放养前将养成池、蓄水池、沟渠等内的积水排净，封闸晒池，维修堤坝、闸门，并清除池底的污物、杂物。沉积物较厚的地方，应翻耕暴晒或反复冲洗，促进有机物分解排出。清淤整池之后，对池体进行消毒除害，可用生石灰。将池水排至水深 0.1～0.2 米，全池泼洒生石灰，用量 0.1 千克/米^2 左右。清塘消毒后，虾苗放养前 7～10 天，用 60 目以上的筛绢网过滤进水至水深 0.6～0.8 米，并每立方米水体用漂白粉 20～30 克进行消毒，开增氧机曝除余氯，检测余氯为 0 时可以向水中施发酵有机肥或无机肥，培肥水质。

海南海兴农海洋生物科技有限公司建立了严格的质量品控体系，“海景洲 1 号”虾苗的规格、体色、活力等都具有良好的品质保证。放苗前，为提高苗种成活率，增强其对水体的适应性，可在虾苗培育池中进行虾苗试水和培育。

放苗前，取50尾以上虾苗试水1天，若虾苗情况良好，成活率达90%以上，可放苗。若用淡水或地下低盐度水养殖，应对池水进行离子成分分析，经调节达到养虾要求方可放苗。用淡水或低盐度水养殖时，淡化虾苗池水盐度与待放苗池水盐度差应不超过3。

可在养成池一角围一个小池作为虾苗培育池。虾苗培育池面积为500～1 000米^2，池深1.5米左右，配有增氧设备。虾苗培育池水深0.8～1.0米，夏季水深1米以上。可采用塑料温棚保温或增设供热设备加温，使水温维持在22 ℃以上。投放密度为250～500尾/米^3。投放20～30天后，虾苗长到体长2～3厘米时，投放入养成池养成。

放苗时，养成池水深0.6～0.8米，水温22 ℃以上。养成池与育苗池水温差不超过2 ℃。避免在大风、暴雨天时放苗。根据养殖技术水平和养殖设施设备条件，放养合适的密度，一般情况下精养池虾苗投放密度为60～100尾/米^3，半精养池虾苗投放密度为40～60尾/米^3，粗养池虾苗投放密度为20～30尾/米^3。

养殖投喂配合饲料粗蛋白含量以30%～40%为宜，其他营养需符合健康养虾要求。饲料注意保存有效期，不投喂变质过期饲料。建议投喂海大集团生产的对虾配合饲料。根据对虾规格、蜕壳情况、天气状况、水质与底质情况来综合确定每日投喂量。每日投饵4～6次，下午以后投饵量占全天投饵量的60%以上。一般在虾苗体长长到3厘米之前，可投放（0.5±0.3）毫米粒径饲料，日投饵率15%～20%；虾体长3～7厘米时，可投放（0.9±0.4）毫米粒径饲料，日投饵率8%～12%；虾体长7～9厘米时，可投放（1.3±0.2）毫米粒径饲料，日投饵率5%～8%；虾体长9厘米以上时，可投放（1.7±0.2）毫米粒径饲料，日投饵率3%～6%。投饵遵循“少投勤投”原则，还要依照对虾胃饱满度和环境情况作出相应调整，投饵1小时后，如有2/3以上的对虾达到饱胃或半饱胃，说明投饵量适当，否则应增加或减少投饵。当出现水中溶解氧降低、氨氮含量升高、水温低于15.0 ℃或高于32.0 ℃等不良环境条件时，应减少投饵量。

整个养殖期间水质指标保持在以下范围：pH 7.5～8.5，溶解氧5毫克/升以上，氨氮0.5毫克/升以下，亚硝酸盐0.2毫克/升以下。养殖前期每天添加水0.05～0.1米深，水深至1.5米后保持水位。30～60天每天换水10%，60天后每天换水15%～20%。养殖中如果水质异常，加大换水量，边排边进。为避免对虾出现应激反应，换水可分两次进行，两次累计换水30%～40%。应及时清除池水中泡沫。

每隔半个月，全池泼洒生石灰15毫克/升，调节池水pH、增加蜕壳所需钙质，与漂白粉1.0～1.5毫克/升或二氧化氯0.3～0.4毫克/升交替使用，以消毒水体。同时，根据水质情况不定期按照产品说明，使用光合细菌、芽孢杆菌等微生态制剂，分解有机物、抑制有害菌的生长，维持稳定的单胞藻数量，调节水质，但注意不能与消毒剂同时使用。养成期间视天气情况、虾活动情况开增氧机，确保溶解氧在 5 毫克/升以上。养殖 60～90 天，虾体长 10 厘米以上时，可根据市场需求情况，及时将达到商品规格的虾捕捞上市，以保持池内合理的载虾密度。

（二）主要病害防治方法

1. 红体病

【病因及症状】红体病病毒。早期症状表现为对虾起群惊跳和出现环游现象，大触须变红，肌肉容易变浑浊，能看出肝胰脏模糊不清和肝脏肿大发红；发病前的对虾食量猛增，发病后期体色变成茶红色，不吃食，在水面缓慢游动，捞离水后瞬间死亡。

【流行季节】该病交叉感染快，死亡率高，易感群体为 6～9 厘米的幼虾，小虾死亡较快，环境剧变时易发生此病，主要是气温陡变和水质变化应激反应和藻类毒素造成的。

【防治方法】采用综合防治方法，在防治上应做到以下几点：重视生物安全防疫，减少感染机会；减少应激反应，提高虾体的免疫力和抗病能力；加强水质、底质的改良，定期使用微生态制剂降低亚硝酸盐和氨氮，使对虾有一个舒适环境，减少病害的发生。

2. 白斑病

【病因及症状】白斑综合征病毒。病虾反应迟钝，不摄食，空胃；甲壳上有白色的圆点，以头胸甲处最为显著，严重者白点连成白斑；鳃丝发黄，肝胰腺肿大，糜烂，通常在几天内便可发生大量死亡，若水质稳定营养全面，则可维持 1 个月左右，死亡进程随着体长的增加而缩短，即大虾死亡速度快于小虾。

【流行季节】天气闷热、连续阴天、暴雨、虾池中浮游植物大量死亡、池水变清及底质恶化均易发生此病，发病适宜温度为 24～28 ℃，1—5 月易暴发。

【防治方法】同红体病。

3. 细菌性红腿病

【病因及症状】鳗弧菌、副溶血弧菌。病虾附肢变红，头、胸、甲、鳃区呈黄色或浅红色，肝胰脏及心脏颜色变浅，肝胰脏萎缩糜烂，不能控制游动方向，通常发病 2 小时后开始死亡，死亡率高达 90%。

【流行季节】该病常呈急性型，多发生于高温季节。

【防治方法】预防：放养前须彻底清塘，在高温季节定期往养殖水体泼洒光合细菌5毫克/升或芽孢杆菌0.25毫克/升；同时在此期间，每隔10天左右，应全池泼洒聚维酮碘消毒剂0.5毫克/升，但二者不可同时进行。治疗：全池泼洒聚维酮碘消毒剂0.5毫克/升，同时内服含有药物的饲料，可在每千克饲料内添加氟苯尼考0.5克，连续投喂3～5天。

4. 纤毛虫病

【病因及症状】钟形虫、聚缩虫、单缩虫及累枝虫等。病虾鳃部变成黑色，附肢、眼及体表呈灰黑色绒毛状，离群独游，摄食不振，呼吸困难，蜕壳困难。

【发病条件】底质含有大量腐殖质且老化的池塘易发生此病，容易引起细菌继发性感染而发生大量死亡。

【防治方法】预防：放养前须彻底清塘，清除淤泥，有效改良养殖环境。治疗：可全池泼洒0.3毫克/升溴氯海因复合消毒剂。

四、育种和苗种供应单位

（一）育种单位

1. 海南海兴农海洋生物科技有限公司

地址和邮编：海南省文昌市翁田镇田头北村，571328

联系人：李辉

电话：020－84891933

2. 中山大学

地址和邮编：广州市番禺区大学城，510006

联系人：何建国

电话：020－84112828

3. 中国水产科学研究院黄海水产研究所

地址和邮编：山东省青岛市市南区南京路106号，266071

联系人：孔杰

电话：0532－85800117

4. 广东海兴农集团有限公司

地址和邮编：广东省广州市番禺区南村万博四路42号海大大厦二座三楼，511445

联系人：李辉

电话：020－84891933

（二）苗种供应单位

广东海兴农集团有限公司

地址和邮编：广东省广州市番禺区南村万博四路 42 号海大大厦二座三楼，511445

联系人：李辉

电话：020－84891933

五、编写人员名单

何建国、孔杰、江谢武、李辉、陈荣坚、胡志国、司周旋、樊伟瑶等

凡纳滨对虾“广泰2号”

一、品种概况

（一）培育背景

凡纳滨对虾，俗称南美白对虾，是世界养殖产量最高的对虾品种，全球年产量500多万吨，是世界单一品种产值最高的水产养殖动物。在对虾养殖业蓬勃发展的同时，病害问题也对产业的发展产生了一定影响。2012年对虾暴发了早期死亡综合征（EMS）或称急性肝胰腺坏死病（AHPND），给我国和世界对虾养殖产业造成严重损失，据估计，每年因AHPND造成的损失达10亿美元。该疾病主要是由携带PirA/B毒素质粒的副溶血弧菌（VP_{AHPND}）引起，通常在放苗后1个月左右出现，一旦暴发，病情发展快，致死率高。

培育抗病新品种是解决病害问题的重要途径。然而，针对近年来危害对虾产业严重的AHPND疾病，目前缺乏抗AHPND的对虾新品种。相较于生长、成活率等性状，抗病性状的测定难度较大，采用传统选育技术进行遗传估计的准确率较低，影响了抗病性状遗传选育工作的进展。相较于传统家系选育技术，全基因组选择育种技术利用覆盖全基因组的SNP标记对抗病性状进行遗传评估，具有育种准确率高、选育效率高的特点，尤其适合抗病等较难测量性状的选育。因此利用全基因组选择等现代育种技术，加快抗AHPND品种的培育，对于保障对虾产业的稳定发展具有重要意义。

（二）育种过程

1. 亲本来源

以2017年渤海水产育种（海南）有限公司（现更名为信邦海洋生物科技有限公司）保存的凡纳滨对虾“广泰1号”和厄瓜多尔群体为基础群体。

2. 技术路线

凡纳滨对虾“广泰2号”培育技术路线见图1。

3. 培（选）育过程

2017年，选择渤海水产育种（海南）有限公司保存的凡纳滨对虾“广泰1

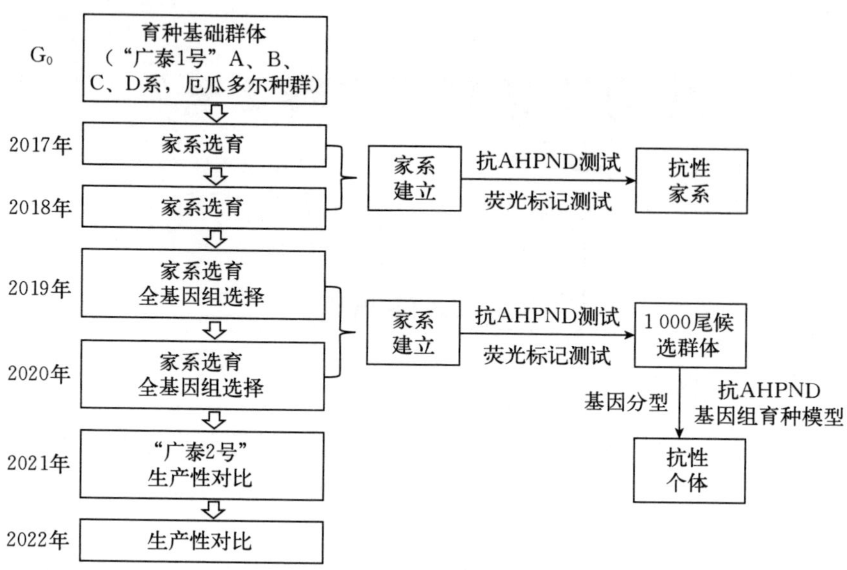

图 1　凡纳滨对虾"广泰 2 号"培育技术路线

号"核心种质库中的 4 个品系（快长 A 系、抗性/高繁 B 系、抗性/快长 C 系和高繁 D 系）和厄瓜多尔群体的种质材料作为基础群，构建家系 200 个，对家系进行均一化养殖，在 1 月龄时（体重约 2 克），利用建立的"凡纳滨对虾抗 AHPND 性状测试技术"对不同家系进行高浓度副溶血弧菌（VP_{AHPND}）浸泡感染，测定不同家系的抗性能力。根据测试结果计算每个家系抗 AHPND 的成活率。之后，对成活率排名靠前的 80 个家系进行荧光标记，在室外水泥池中模拟室外池塘的养殖条件进行生长和成活率性状测试，养殖测试 3 个月后，测定个体的体长、体重，并计算家系的养殖成活率。基于家系的抗 AHPND 成活率、家系养殖成活率、家系平均体重数据，按照权重 40%、30%、30% 计算综合选择指数，根据综合选择指数筛选出 50 个家系进行留种。

2018 年，利用留种家系建立后代家系 200 个，按照相同的方法进行抗 AHPND 选育，经抗 AHPND 测试、荧光标记混养测试后选择 50 个家系进行留种。同时，制备了用于抗 AHPND 性状 GWAS 的遗传材料，使用"中科芯 1 号"600K 芯片分型，并使用存活时间、存活或死亡状态和个体体重作为表型进行全基因组关联分析（GWAS）和全基因组选择分析（GS），获得抗 AHPND 性状与体重性状相关的 SNP 标记。利用获得的抗 AHPND 和体重性状相关标记结合基因组均匀分布的标记，设计出凡纳滨对虾基因芯片"中科芯 3 号"。

2019 年，继续构建家系 200 个，在个体体重 2 克左右时进行抗 AHPND

性状测试，之后选择排名靠前的 80 个家系进行荧光标记混养测试。上述荧光标记家系在室外水泥池测试 3 个月后，进行每个个体的表型测定，并进行个体 SNP 芯片分型，利用构建的全基因组选择育种模型计算候选个体的抗 AHPND 性状、生长和成活率性状的基因组育种值（GEBV），最终根据抗 AHPND 性状 GEBV、成活率 GEBV、生长 GEBV 分别按照权重 40%、30%、30%计算综合选择性状 GEBV，选择排名靠前的 500 尾个体进行留种。

2020 年，留种个体根据亲缘关系设置交配组合产生下一代家系，同样建立 200 个家系，建立的家系在个体体重 2 克左右时进行抗 AHPND 性状测试，之后选择排名靠前的 80 个家系进行荧光标记混养测试。采用与 2019 年相同的方案进行候选群体的基因分型，并计算获得抗弧菌 GEBV、成活率 GEBV、生长 GEBV，按照权重 40%、30%、30%计算综合选择性状 GEBV，选择排名靠前的 500 尾个体进行留种。

2021 年，将通过 GEBV 选育的留种个体养殖至性成熟，形成 G_4 抗 AHPND 群体，命名为凡纳滨对虾“广泰 2 号”。利用选留的个体进行后代家系构建，并按照全基因组选育方案继续进行选育，同时挑选部分家系进行生产性比对试验，检验抗 AHPND 和成活率性状选育效果。

2022 年，扩繁“广泰 2 号”亲虾，继续开展生产性对比试验。

（三）品种特性和中试情况

1. 品种特性

“广泰 2 号”新品种的特征性状是抗 AHPND 能力强、养殖成活率高，在高浓度的副溶血弧菌（VP_{AHPND}）浸泡感染条件下，“广泰 2 号”较对照品种“广泰 1 号”成活率提高 43.05%以上，较进口高抗苗种成活率提高 33.41%以上。在池塘养殖模式下，凡纳滨对虾“广泰 2 号”较“广泰 1 号”苗种养殖亩产提高 23.57%，养殖成活率提高 20.06%；较进口高抗苗种养殖亩产提高 21.12%，养殖成活率提高 20.86%。

2. 中试情况

2021—2022 年，在河北地区和山东地区选择 2 个试验点进行了连续 2 年的凡纳滨对虾“广泰 2 号”生产性对比试验，在江苏地区选择 1 个试验点进行了 1 年的生产性对比试验。河北省的对比试验面积 1 602 亩，山东省的对比试验面积 1 105 亩，江苏省的对比试验面积 510 亩。连续 2 年的生产性对比试验结果显示，“广泰 2 号”较“广泰 1 号”苗种养殖亩产提高 24.30%以上，养殖成活率提高 22.21%以上；较进口高抗苗种养殖亩产提高 21.96%以上，养殖成活率提高 21.02%以上。

二、人工繁殖技术

（一）亲本选择与培育

1. 亲本选择

从凡纳滨对虾“广泰2号”的核心种质库中，根据个体的分子亲缘关系信息，选择较远的个体分别构建商品代的母本家系和父本家系，母本家系和父本家系按照SPF亲虾养殖技术进行亲本培育，之后从母本家系中挑选出雌虾作为生产商品苗种的母本，从父本家系中挑选雄虾作为商品苗种的父本。

所用亲虾按常规生产标准筛选后，再按选育标准对亲虾进行第二次筛选，要求雌虾规格不小于40克/尾，雄虾规格不小于35克/尾，体质健壮，体表光滑，附肢健全，并进行病原检测，不得携带特定病毒。

2. 亲本培育

（1）培育环境　亲虾培育池数量根据生产计划设定，每个池水体在16～50米^2，一般为方形或圆形，每平方米设置2个80目气石或纳米管；孵化池规格为20～50米^2，每平方米设置120目气石9个。亲虾培育池和孵化池均需要涂刷水产养殖专用漆，使用前用甲醛或者高锰酸钾消毒。

（2）饲养管理　亲虾雌雄配比为1∶1，雌雄分池养殖，亲虾培育密度为≤20尾/米^2，水温28～30℃，每日换水2～3次，日换水量不低于150%，换水时注意温度、pH、总碱度等指标要保持稳定；光照采用半遮顶自然光，也可使用灯光调节；饲料主要为沙蚕和鱿鱼，每日投喂8次，也可适当补充配合饲料；通过对沙蚕投喂量的控制，调节雌虾的产卵量和回卵周期。亲虾使用时间不超过4个月，培育期间不得使用任何药物。

（二）人工繁殖

1. 亲虾交配

每天8:00—10:00挑选性腺发育好的雌虾到雄虾池进行交配，交配方式采用自然交配。

2. 亲虾产卵和幼体孵化

当天20:00在雄虾池挑选交配成功的雌虾移入产卵池，未交配的雌虾直接移回雌虾池，孵化池的雌虾产完卵后于24:00移回雌虾池。卵的孵化密度不超过200万粒/米^3，水温30～31℃，光照为微光或无光，产卵和孵化期间不得使用任何药物。受精卵每30分钟全池轻缓搅动一次。待幼体发育至无节幼体Ⅰ期后收集幼体到出苗桶，停气后淘汰中下层的幼体，取上层趋光性强的幼体，镜检无畸形刚毛者记数后放入育苗池。

通过亲虾饲料和亲虾使用周期控制幼体质量，根据幼体的趋光性对幼体进行分离，淘汰体弱幼体，以提高育苗成活率和虾苗健康状况。

（三）苗种培育

1. 育苗阶段

水温：幼体进入育苗池的水温为30℃，之后逐步升高到32℃，到达糠虾幼体M2阶段开始降至31℃，变态为仔虾后开始降温，至仔虾P5期降至28℃。

光照：无节幼体、溞状幼体、糠虾幼体和仔虾P1期前的光照为弱光，P2期开始增强光照，至P5期时为自然光照。

充气：育苗池每平方米设12个气石，或用纳米管、PVC管等均可，使水体溶解氧不低于5毫克/升。无节幼体期微量充气，以幼体不下沉为度；溞状幼体2期后开始逐渐增加充气量，到仔虾后至沸腾状。育苗期间保持不间断充气。

密度：无节幼体投放密度在25万～35万/米^3。可根据育苗池大小适当调整密度。

饲料：饲料的选用应符合GB 13078—2001的规定。无节幼体变态为溞状幼体后，开始投喂牟氏角毛藻或海链藻，密度为500细胞/毫升，适当补充螺旋藻粉；Z2开始辅以高效配合饵料，饵料用200目的筛绢网过滤。糠虾幼体投喂配合饵料、虾片及适量卤虫，饵料用100～150目的筛绢网过滤。仔虾P1期开始投喂活的卤虫无节幼体、配合饵料和虾片，用80目的筛绢网过滤。根据摄食情况决定投喂量，以1.5小时吃完料为准。Z2～P5阶段日投饵次数为12次，到P5期卤虫无节幼体的投喂量为每百万尾7.5千克。

2. 标粗阶段

P5期之后的小苗开始进入标粗期，根据养殖目的地的盐度要求进行苗种的淡化或咸化。淡化过程遵循先快后慢的原则，在盐度20以上时每日降低4～5，在盐度10～20范围内每日降低2～4，在盐度10以下时每日降低2。通过梯度淡化，实现仔虾较高的成活率。盐化过程遵循先快后慢的原则，在盐度30～40时每日盐化4～5，在盐度40～50范围内每日盐化2～3，在盐度50以上时每日盐化2，通过梯度盐化，实现仔虾较高的成活率。标粗期间投喂配合饵料、虾片和卤虫，日投喂6～8次，可直接全池泼洒，以1.5小时吃完料为准。标粗10～15天，盐度达到当地养殖池的盐度、虾苗体长为1.5～2厘米时可出售。

三、健康养殖技术

（一）健康养殖（生态养殖）模式和配套技术

凡纳滨对虾“广泰 2 号”主要面向池塘精养和半精养模式，因此主要介绍池塘养殖模式。

1. 池塘要求

养殖池塘为正方形或长方形，长方形的长宽比以 1∶1、2∶1 或 3∶2 为最佳。塘面积 2.5～100 亩均可，面积较小的一般为黑膜塘，面积较大的一般为土塘，池深 1.5～2 米。要求保水性能好，日渗漏不超过 3 厘米，可彻底自流排干、晒干，有条件的应设置中央排污系统，养殖过程中保持盐度稳定。

2. 养殖前准备

养殖前彻底消毒晒塘，上一次养殖收虾后应及时排干水并清除污物，土塘应将池底沙层翻起 20 厘米以上，池底需经过 7 天以上的太阳暴晒，或空池闲置 30 天以上。暴晒后，全池泼洒生石灰进行消杀，在进水前再次使用 30 毫克/升有效氯试剂对池底进行消毒，消毒水体应保证盖住池底 5 厘米以上，消毒 48 小时后排干消毒水再开始进水。

3. 养殖用水

水源水质应符合 GB 11607—1989 的规定。养殖用水应经过沉淀、沙滤或消毒处理后使用。在病害流行期间，养殖用水必须使用 30 毫克/升有效氯进行消毒处理后再使用。放苗前的进水和前 50 天养殖期间的补水必须使用 80 目筛绢网过滤，50 天以后的换水使用 40 目筛绢网过滤。

养殖用水使用沙井过滤水。过滤井破损时停用。如果是直接从外海抽的水，应经过沉淀、沙滤或消毒处理后使用；在病害流行期间，必须使用消毒剂挂袋处理后方可使用。

4. 做水肥塘

（1）水体消毒后 3 天开始培养基础饵料。

（2）为保证水色稳定，要求透明度 40～60 厘米方可放苗。

（3）如老塘水无病害，可直接接入新池，并使透明度达到 60 厘米。

（4）无病害老塘水做水时间不低于 5 天，直接肥水的塘从水体消毒到放苗时间不低于 15 天，放苗前水环境指标要求达到以下标准：水温 20～32 ℃，盐度 2～45，pH 7.8～9.0，透明度 40～50 厘米。若环境要求不达标，需要进行调控，直到达标后方可放苗。

5. 放苗前的适应

（1）放苗前准备好过渡用的大桶，桶中加入半桶池水和 1～2 个气头。虾苗运输到场时，将苗连水倒入大桶中，放苗密度不超过50万尾/米^3。

（2）桶中加入适量孵化出的丰年虫，并逐步加入池水至桶满，过30～45分钟，待虾苗吃饱和适应水质环境后，用虹吸方法将虾苗排入池中。

6. 标粗分苗

（1）分苗时子母塘水温差不超过3℃，盐度差不超过3；气温与水温相差不能超过5℃。分苗前一天用子塘的水进行试水。根据成活率判定能否分苗。

（2）分苗前母塘须经3次以上换水处理，提高虾苗的适应性。

（3）分苗前、后，母塘及子塘都要泼洒抗应激药物，连续泼洒2～3天。

（4）分苗时须用手推网、地笼等对虾伤害轻的用具。

（5）运输方式尽量采用干运法，筐内虾厚度不超过10厘米。运输时间从起网到下塘不超过10分钟。

7. 标粗苗的分级

（1）淘汰位于标粗塘塘底的虾苗。

（2）视规格采用相应网目进行分级分苗。

8. 养殖期管理

（1）养殖前期（20天前）不换水，定期少量添加新水，每次换水3～5厘米，直到水位达到并保持正常养殖水位。

（2）养殖中期（20天后）开始换水，根据实际情况调整换水量。

（3）每亩配备1台水车式增氧机，对角安装，保证池水溶解氧不低于4毫克/升。面积小于6亩的池塘，增氧机单层排布；面积超过6亩的池塘，增氧机应双层排布，以使中央污染区面积缩小。也可根据水面和养殖密度配备适量的增氧机。

（4）高位池在养殖中期开始排污，每天排污1～2次，养殖后期每天排污3～4次，在投料前1小时排放，以排出的水中没有黑色污染物为标准。土塘养殖不能排污的，可以适当使用底改生物制剂进行调节。

（5）正常养殖过程中，提倡定期使用微生物制剂使池塘形成良性生物群落，保持良好水质。

（6）不提倡定期使用消毒剂；出现细菌、纤毛虫等病原微生物时可适当使用消毒剂进行抑制。使用消毒剂进行消毒时，应考虑其必要性和使用量。

（7）禁止使用渔业禁用药物。

（8）每日每次巡塘看虾后，按时填写养殖日志和养殖技术通知单。

9. 投饵控制

（1）投喂次数　养殖期间日投喂次数为3～4次。标粗苗日投喂次数为6次。

（2）投饲位置　放苗后7天全池投喂。20天后在由增氧机形成的无污物环流带投喂。投饲位置应设在离池壁上口边沿2～5米处，投饲应力求均匀。

（3）投喂数量　根据料台剩食情况来确定投饵量，日投喂总量占体重的3%～4%，以2小时吃完为准。

（4）投饵量调整　根据估测的成活率、对虾数量及平均体重，参考对虾投饲量表，计算出实际投饲数量。养殖中后期应根据投饲后对虾摄食情况，调节投饲量。对虾大量蜕壳的晚上应少投或不投。

（5）注意事项　一般不对投饵餐数及投饵时间作频繁变动，在摄食量下降的情况下应减少下一餐的投喂量，而不应推迟投饵时间，以免造成虾体生物钟的紊乱。当对虾生长缓慢时，首先应考虑环境因素，不要盲目增加投喂量。

10. 日常管理

（1）每天最少巡塘5次：每日6:30—7:00和22:00—22:30 2次巡塘，巡察水色变化、对虾游塘蜕壳等情况；检查3次观察网，观察对虾摄食及饲料利用情况，同时注意对虾肠道饱满程度及粪便排出情况。

（2）每日晚上确定次日各个塘需要安排的塘面工作，并在次日早餐后集中组织、安排、落实。日常塘面工作包括塘面清洁、进水渠的清理、增氧机的增减和维护、观察台和观察网的维修、进排水和排污、使用药物等。

（3）每10天测量检查一次对虾生长情况并作记录。每次测量随机取样不得少于50尾。

（4）发现异常现象或出现病虾，应及时上报并增加巡塘次数，及时查明原因并采取相应措施。

（5）每天应测定和记录水温、透明度和pH，有条件的还应测定和记录盐度、溶解氧、亚硝酸盐，并掌握其变化规律。

11. 病害预防措施

（1）为避免病害的大面积流行及交叉感染，养殖规模在50亩水面以上时，应根据地形及池塘布局将养殖场划分为若干管理控制区域。

（2）各区域由专职技术员和养殖工人负责，发现疫情后相关人员不得跨区域操作，工具不准跨区域使用，并使用石灰沿发病塘边撒出50厘米宽的隔离带。

（3）实行场、塘封闭养殖。任何人员和车辆进出必须消毒。

（4）塘边必须放浓度50毫克/升的高锰酸钾溶液，任何人上下塘必须消毒。

（5）由主管技术员决定是否对发病塘治疗。无治疗价值的病塘不再治疗，作如下处理：在病塘周围用石灰撒下半米宽隔离带，用农药杀绝病虾，适当时候排放，或者掩埋。

(6) 搞好塘区卫生，池塘水面不允许有漂浮物，塘区不能有飞起来的杂物。

(二) 主要病害防治方法

1. 白斑综合征

【病因及症状】 白斑综合征病毒（WSSV）是一种属于杆状病毒科的 DNA 病毒。患病虾症状主要包括：体表出现大量白色斑点，这些斑点是病毒感染导致的皮下组织坏死；可能出现软壳现象，壳变薄且容易剥落；部分对虾可能出现体色变红；对虾活力下降，行动变得迟缓，不再正常觅食。感染的对虾在短期内可能出现大量死亡。

【流行季节】 在高温季节，特别是长期阴雨天之后；浮游植物大批死亡，池水变清；浮游动物如轮虫等大批滋生；水质、底质严重污染；精养池因停电或机械故障而终止增氧，对虾易发生此病。以上的本质都是水中溶解氧下降。

【防治方法】 尚无有效的防治药物。根本措施是强化饲养管理，进行全面综合预防。彻底清塘消毒除害，严格检测亲虾，杜绝病原从母体带入。使用无污染和不带病原的水源，放养无病毒感染的健壮苗种，并合理控制放苗密度。虾池要有一定的水深，并增设水下增氧机，使溶解氧不低于 5 毫克/升。投喂优质配合饲料，少吃多餐。加强巡塘，多观察，发现池水变色要及时调控。遇到流行病时，暂时封闭不换水，同时防止细菌病、寄生虫病等继发性疾病，或采取相应药物防治。

2. 急性肝胰腺坏死病

【病因及症状】 病原菌为含有 PirA/PirB 毒素质粒的弧菌，主要是副溶血弧菌、哈维氏弧菌、坎氏弧菌、欧文斯氏弧菌以及溶藻弧菌。早期感染体征：肝胰腺坏死、空肠空胃、体色变浅、活力下降、甲壳变软等，病程进展迅速，死亡率高。

【流行季节】 急性肝胰腺坏死病的致病菌株普遍存在于虾、池塘水、沉积物、饲料、藻类、粪便以及饲喂的活饵中，在高温季节的高盐、高碱养殖池中具有较高的发病率，天气剧变或者连续阴雨天也易发病。

【防治方法】 严格控制虾苗的质量，通过权威机构进行苗种检疫，在苗种环节切断病原的流入。选择抗 AHPND 能力强的商品苗种，是最有效的预防手段。定期施用芽孢杆菌、乳酸菌等有益细菌稳定水体的菌相、藻相，可保持对虾的适应能力以及水环境的稳定性，从而降低甲壳类急性肝胰腺坏死病的暴发概率。提供营养均衡的饲料，避免使用劣质或污染的饲料，使用免疫增强剂，提高对虾的抗病能力。在确诊后，可以在专业指导下使用抗生素，但需注意合理用药，避免产生抗药性。

四、育种和苗种供应单位

（一）育种单位

1. 中国科学院海洋研究所

地址和邮编：山东省青岛市南海路7号，266071

联系人：李富花

电话：13792839758

2. 信邦海洋生物科技有限公司

地址和邮编：海南省文昌市冯家湾现代化渔业产业园，571343

联系人：黄皓

电话：13976992198

3. 渤海水产股份有限公司

地址和邮编：山东省滨州市北海新区马山子镇高田，251907

联系人：刘明良

电话：13792283657

（二）苗种供应单位

1. 信邦海洋生物科技有限公司

地址和邮编：海南省文昌市冯家湾现代化渔业产业园，571343

联系人：黄皓

电话：13976992198

2. 渤海水产股份有限公司

地址和邮编：山东省滨州市北海新区马山子镇高田，251907

联系人：刘明良

电话：13792283657

五、编写人员名单

于洋、李富花、黄皓、胡绍令、蔡重志、相建海等

中华绒螯蟹“申江1号”

一、品种概况

（一）培育背景

中华绒螯蟹俗称河蟹、大闸蟹，属于甲壳纲、十足目、方蟹科，具有较高的营养价值和经济价值。经过30多年的发展，我国中华绒螯蟹成蟹养殖年总产量达80万吨，产值超过500亿。目前，我国中华绒螯蟹养殖区主要分布在长江、黄河和辽河流域，其中长江流域的中华绒螯蟹养殖产量占全国总产量的80%以上。截至2023年12月底，我国已有6个通过全国水产原种和良种审定委员会审定的中华绒螯蟹新品种，其中5个新品种的基础群体来自长江水系，主要以生长性状为选育目标。性腺是中华绒螯蟹重要的可食组织之一，因此只有完成生殖蜕壳、性腺接近成熟或成熟的河蟹才能成为上市的优质成蟹。

长江流域中华绒螯蟹成蟹养殖时间通常为3—11月，生殖蜕壳时间通常为8月中下旬至9月上旬，上市时间主要为10月中下旬至12月，故不能满足中秋国庆的消费高峰期。随着人们生活水平的提高，中秋国庆品尝鲜活大闸蟹成为一种趋势，这段时间的大闸蟹市场需求量不断增加，现阶段的市场供应远远不能满足消费端的需求，因此中秋国庆时间段优质大闸蟹的价格在30～100元/只，是传统上市高峰期价格的2倍左右。综上，如能培育出提前上市的中华绒螯蟹新品种，满足中秋国庆期间的河蟹市场消费需求，将极大促进河蟹养殖业的可持续健康发展。

（二）育种过程

1. 亲本来源

以2010年从上海崇明挑选的2 416只池塘养殖中华绒螯蟹亲本作为奇数年繁殖的基础群体，2011年挑选的2 800只亲本作为偶数年繁殖的基础群体。

2. 技术路线

“申江1号”培育技术路线见图1。

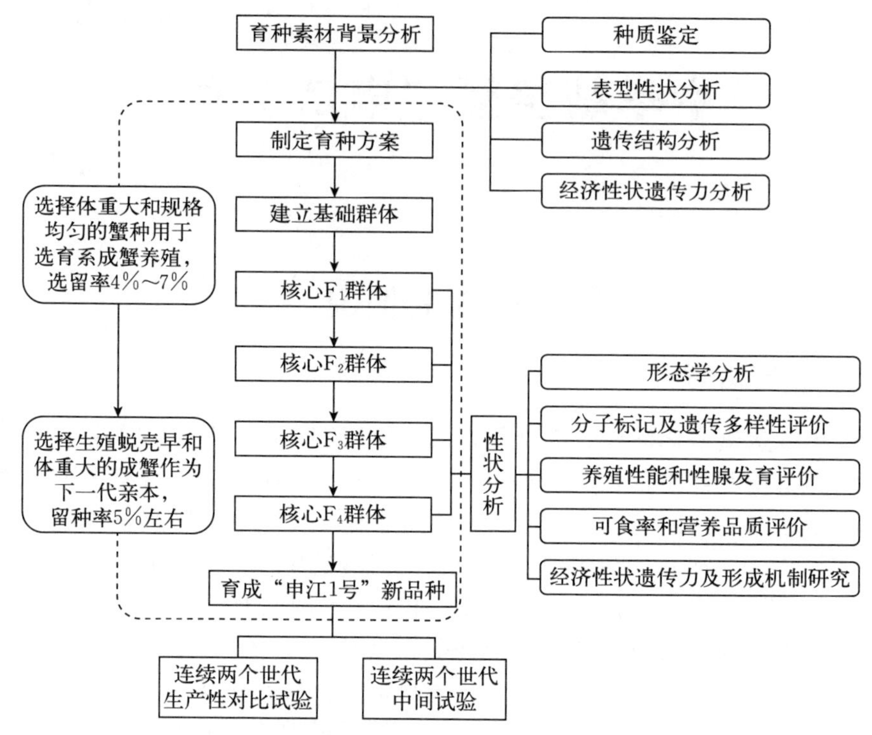

图 1　中华绒螯蟹“申江 1 号”培育技术路线

3. 培（选）育过程

根据前期对不同群体的形态学特征、分子遗传多样性和养殖性能等的评估结果，2010 年和 2011 年分别挑选 2 416 只和 2 800 只池塘养殖中华绒螯蟹亲本构建“申江 1 号”奇数年和偶数年繁殖的基础群体，采用群体继代选育技术，以“生殖蜕壳时间提前”为主要选育指标，同时兼顾成蟹规格等性状，每两年完成 1 个世代的选育，评估每个选育世代的形态学参数、分子遗传多样性、生长、生殖蜕壳、性腺发育和最终养殖性能。在每个世代的选育过程中，分别在蟹种和成蟹养殖阶段对选育系进行两次选择：蟹种阶段选择时间在完成蟹种养殖的 12 月至翌年 3 月初，以“体重大和规格均匀”为选育指标，蟹种选留率为 4%～7%；成蟹阶段的选择时间在完成生殖蜕壳的 8—9 月，挑选生殖蜕壳时间早、体重大、规格均匀、肢体健全、体表洁净、活力好的成蟹作为亲本，留种率为 5%左右。经连续 4 代选育，分别于 2018 年（奇数年繁育群体）和 2019 年（偶数年繁育群体）育成上市早、规格大的中华绒螯蟹新品种“申江 1 号”。生产性对比试验表明，“申江 1 号”90%个体完成生殖蜕壳的时间提早 15～20 天，且养殖效果稳定。

（三）品种特性和中试情况

1. 品种特性

在相同池塘养殖条件下，中华绒螯蟹“申江1号”新品种90%个体完成生殖蜕壳的时间比长江水系对照品种提前11天以上。

2. 中试情况

2016—2020年，在上海市崇明区进行池塘养殖的小试，2020—2022年在江苏养殖区两个试验点（常州金坛区和扬州江都区）和山东养殖区两个试验点（东营市现代渔业示范区和垦利区永安镇）进行连续3年的生产性对比试验。以中华绒螯蟹“长江1号”或“长江2号”为对照品种，“申江1号”和对照品种累计试验面积分别为2 208亩和792亩。试验结果表明，“申江1号”90%个体完成生殖蜕壳的时间比对照品种提早11～15天，体重和对照品种相当，具有成活率高、饲料系数低和规格整齐等优点，值得大规模推广应用。适宜在全国水温15～30℃的人工可控的淡水水体中养殖。

二、人工繁殖技术

（一）亲本选择与培育

1. 亲本选择

亲本来源于上海海洋大学或浙江澳凌水产种业科技有限公司。亲本要求为四肢健全、体质健壮、无病无伤且无寄生虫的成蟹，雌体的体质量≥140克，雄体≥210克，雌雄比（2～3）∶1。

2. 亲本培育

（1）培育环境　亲本培育池塘应为面积1～5亩的土池。亲本暂养池塘需要在每年4—5月种植轮叶黑藻和苦草，平均水位在亲本放养前控制在1米左右。雌、雄分开养殖，雌蟹和雄蟹放养密度分别为1.5只/米^{2}和1只/米^2。

（2）饲养管理　亲本饲养管理要点主要为饵料投喂、水质和水草管理，促进亲本性腺发育，为交配繁殖做好准备。亲本入池后水温在12℃以上时需要投喂，17:00左右按照亲本体重的1%～3%投喂量投喂成蟹育肥专用饲料（蛋白含量≥38%，脂肪含量≥10%，高度不饱和脂肪酸≥1%，DHA/EPA=1）。投喂后3～4小时观察食台残饵情况并记录。根据食台饲料剩余情况确定次日投喂量。根据池塘水质情况，每周换水或加水1～2次，每次换水10～30厘米，每20天消毒1次。定期清理池塘中多余水草，水草距水面保持在20厘米左右，水草覆盖池塘面积50%左右；如果水草死亡需及时捞出并补充水花生等水草。

（二）亲本交配和抱卵蟹培育

中华绒螯蟹“申江 1 号”的交配和抱卵蟹培育主要在有一定盐度的海水土池中进行，有条件的企业可以采用土池大棚进行抱卵蟹提温，促进胚胎发育，提早孵化。

（1）亲本交配和雄蟹剔除　交配时间一般安排在 11 月底至次年 1 月上旬，适宜交配水温为 10～16 ℃，适宜交配盐度为 15～25。交配池面积一般 1～3 亩，水深 2 米左右，亲本放养密度 3～5 只/米^2。雌、雄交配后，每周用地笼或者撒网抓捕适量雌蟹，观察其抱卵率，当雌蟹抱卵率达到 80%时，排干池水剔除雄蟹，防止雄蟹继续交配干扰雌蟹产卵；同时清除死亡个体，雌蟹继续留在原来池塘中越冬养殖。

（2）抱卵蟹的越冬管理　抱卵蟹通常在室外土池中越冬，养殖密度为 2～4 只/米^2，越冬期间主要投喂冰冻杂鱼和专用育肥饲料，投喂量为亲本总体重的 0.5%～3%。水温在 10 ℃以下时，每三天喂一次；水温 10～14 ℃时，每两天喂一次；水温 15 ℃以上时，每天投喂，具体投喂量根据摄食情况和残饵情况调整。

（3）胚胎发育检查　从 3 月下旬开始，每 1～3 天采样观察胚胎发育情况，当胚胎心跳超过 130 次/分钟时，排干池水取出抱卵蟹准备挂笼。在胚胎发育过程中，肉眼可以观察到受精卵的颜色变化，通常为酱紫色（咖啡色）→深灰色→淡灰色（眼点清晰可见）。当胚胎变为淡灰色时，每日需要随机采 3～5 只抱卵蟹的胚胎，当胚胎心跳超过 150 次/分钟时，必须取出抱卵蟹进行挂笼，防止胚胎在抱卵蟹养殖池中孵化。

（三）苗种培育

1. 大眼幼体（蟹苗）培育

（1）大眼幼体培育池　中华绒螯蟹“申江 1 号”建议在土池中进行幼体培育，池塘面积宜为 3～10 亩，水体盐度为 18～25，水深 1.5～2.5 米。放苗前池塘需要平整和消毒，并肥水培育浮游生物，给初孵幼体摄食。

（2）抱卵蟹挂笼布苗　当抱卵蟹胚胎心跳大于 150 次/分钟时即可挂笼，挂笼前用制霉素片药浴 30 分钟左右，然后用海水冲洗干净，移入育苗池塘进行挂笼孵化。每个孵化蟹笼放入抱卵蟹 20～30 只，每公顷育苗池塘投放 500～800 只抱卵蟹，每天取抱卵蟹的少量胚胎于显微镜下计量心跳速度，心跳为 180～200 次/分钟时表示胚胎即将孵化。通常抱卵蟹挂笼 2～3 天后，胚胎均孵化出第一期溞状幼体（简称溞Ⅰ幼体），溞Ⅰ幼体的密度通常控制在 3 万～5 万只/米^3。

（3）幼体饵料投喂　Ⅰ期溞状幼体（Z1）：饵料以藻类和酵母为主，育苗水体中小球藻和硅藻浓度通常为10万～20万细胞/毫升，水体透明度在30厘米左右；每天下午投喂酵母，用量为100克/亩，不仅可以达到肥水目的，而且可以用来当做Z1的饵料；Z1后期需要适当投喂轮虫，通常投喂量为0.5千克/(亩·天）左右。Ⅱ期溞状幼体（Z2）：Z2的食性开始变化，由摄食浮游植物向摄食浮游动物过渡，因此Z2期主要投喂轮虫，投喂量为0.5～1.5千克/(亩·天)。Ⅲ期溞状幼体（Z3）：Z3逐渐变大，摄食量增大，每天投喂2次轮虫。7:00左右投喂1次轮虫，下午根据饵料的剩余情况决定投喂时间和投喂量，通常轮虫总投喂量为5～10千克/(亩·天)；Z3后期开始补充投喂丰年虫无节幼体，投喂量占总投喂量的10%左右。Ⅳ期溞状幼体（Z4）：Z4摄食量继续增加，轮虫投喂量以及丰年虫的投喂比重也相应增加，轮虫总投喂量为8～20千克/(亩·天)，每天投喂2次，此期丰年虫投喂量占总投喂量的15%。Ⅴ期溞状幼体（Z5）：Z5是河蟹育苗的关键时期，也是饵料投喂量最大的发育期；为了促进河蟹幼体的正常变态发育，要保证投喂足量的轮虫和丰年虫，轮虫总投喂量为25～40千克/(亩·天)，每天投喂2～3次；此期丰年虫投喂量占总投喂量的10%左右，每日投喂1次。大眼幼体期(M)：大眼幼体期阶段的摄食量较大，80%Z5幼体变为大眼幼体后，需要进一步加大投喂量，此阶段轮虫总投喂量为40～60千克/(亩·天)，每天投喂2～3次；此期丰年虫投喂量占总投喂量的8%～10%，每日投喂1次，每次投喂5千克/亩。

（4）水质管理　育苗初期池塘水深为1～1.5米，此后逐步加深水位到1.8～2米。在育苗期，采用在线水质记录仪记录两个池塘每天的水温、溶解氧和pH（设置每10分钟自动记录一次水温）；Ⅲ期溞状幼体后，每2～3天采用试剂盒测定每个池塘的亚硝酸盐和氨氮含量；大眼幼体阶段后，每日下午测定各个池塘的pH、氨氮和亚硝酸盐含量，对于不符合水质标准的塘口及时使用微生态试剂等动保产品改良水质，渔药产品需要符合《水产养殖用药明白纸》的要求。

（5）大眼幼体捕捞及淡化

① 大眼幼体捕捞。当育苗土池中Z5幼体变为大眼幼体后的4～5天，采用灯光诱捕或拖网方式捕捞大眼幼体，灯光诱捕需在夜间进行。

② 大眼幼体淡化池的准备。淡化池采用面积20～200米^{2}的土池或水泥池，建议采用土池，提前注入消毒后的海水，水体盐度为20左右，水深为1.5米左右。

③ 大眼幼体淡化流程。大眼幼体入池密度通常为3～5千克/米^3，24小时增氧。大眼幼体进入淡化池的第一天保持水体盐度不变，第二天上午进行第一

次淡化，通过加入淡水将水体盐度从20淡化到15左右；第二天晚上进行第二次淡化，盐度淡化至10左右；第三天早上进行第三次淡化，加淡水把盐度下降到5以下。大眼幼体在淡化池中累计达72小时（3日龄）即可捞苗进行销售。淡化期间仍需要投喂适量轮虫和丰年虫等生物饵料，通常为3小时投喂1次，每次投喂量为大眼幼体总体重的3%左右。

（6）淡化后大眼幼体出苗与运输

① 淡化后大眼幼体出苗。待淡化池中的水体盐度下降到5以下，大眼幼体体色由淡黑转为金黄色时，即可拉网或排水出苗。

② 大眼幼体（蟹苗）质量鉴别。优质蟹苗外观要求规格均匀、体表金黄、活力较好、基本无白头。通常质量较好的优质蟹苗在沥干水分后能够快速爬行散开，体重通常为7.7～8.3毫克/只。

③ 大眼幼体装箱和运输。蟹苗沥水称重后，通常用塑料筐（长×宽×高＝57厘米×35厘米×5厘米）装，每筐通常装1千克蟹苗，用胶带捆扎后放入泡沫箱或箱式货车中，如果用泡沫箱，通常需要在泡沫箱中放入冰瓶，同时在泡沫箱四周打孔便于气体交换。通常选择夜间运输蟹苗，白天运输建议采用可以控温的箱式货车或者冷藏车，提高运输成活率。

2. 蟹种（扣蟹）培育

（1）蟹种培育池　蟹种培育池以土池为主，池底平坦，沙壤土为佳，面积在2～10亩为宜，塘埂宽1.5～2米，蓄水深0.7～1.2米，有独立进、排水系统，池塘四周设有30厘米高的防逃板，防止池塘内蟹种逃逸。淡水水源水量充沛、水质清新，无工业、农业及生活污水，水质符合《渔业水质标准》（GB 11607—1989）的要求。苗种放养前，需要施肥培养浮游动物和底栖生物，为大眼幼体和早期仔蟹提供适量的天然饵料，促进蜕壳和生长。

（2）大眼幼体放养　采用中华绒螯蟹“申江1号”核心群体或扩繁群体繁殖的大眼幼体，放养时间通常为5月上中旬，最好在夜间运输，选择在清晨下塘。放养密度为1.2～2千克/亩，具体根据池塘条件和计划产量调整。

（3）养殖管理　全程投喂系列化的中华绒螯蟹蟹种专用配合饲料，饲料种类、主要营养成分、投喂时间和投喂频率见表1。大眼幼体放养初期通常投喂粒径为0.3毫米的破碎料0.25～0.6千克/(亩·天)；仔蟹Ⅲ～Ⅳ期，投喂粒径为0.5毫米的破碎料0.5～1.5千克/(亩·天)；此后，分别投喂扣蟹1#到3#饲料。前期水花生覆盖率在30%～40%，中后期保持在50%～60%，水花生过密的地方需要及时疏除一部分，防止池塘局部缺氧。大眼幼体下塘时，水位在40厘米左右，此后随着水温升高和蟹种生长逐渐加高水位，每隔10～15天加水1次，每次加水5～10厘米，高温季节最高水位为80～100厘米。

表 1　扣蟹养殖阶段投喂的饲料种类和营养成分等

饲料种类	粒径（毫米）	粗蛋白含量（%，干重）	总脂含量（%，干重）	灰分（%，干重）	投喂时间	投喂频率（次/天）
破碎料	0.3 及 0.5	43.9	8.2	11.2	5 月中旬至 6 月中旬	1
扣蟹 1#	1.2	40.1	7.2	8.5	6 月中旬至 7 月中旬	2
扣蟹 2#	1.6	37.3	7.5	9.7	7 月中旬至 8 月底	1
扣蟹 3#	1.8	34.2	10	10.1	9 月初至 11 月中旬	0.3～1

（4）蟹种捕捞、包装和运输

① 蟹种捕捞。每年 12 月至翌年 3 月，当平均水温低于 14 ℃时，可以采用地笼、水花生打堆和安置水桶陷阱等方法捕捞蟹种。用地笼和陷阱捕捞需要架设水泵或打开进水系统冲水，形成水流促进蟹种运动从而进入地笼或陷阱；水花生打堆捕捞适合水温较低的情况下使用，需要提前 15 天进行水花生打堆，让蟹种躲藏在水花生堆中，每亩通常打 20 堆水花生，打堆 15 天后使用抬网或手抄网进行捕捞，3～4 天后可以再次捕捞水花生堆中的蟹种。

② 蟹种包装和运输。捕捞的蟹种需要在水泥池中使用不同尺寸的分级筛进行分级，甲壳宽小于筛网孔径的蟹种可以从分级筛中爬出，孔径为 1.5 厘米的分级筛分离规格小于 240 只/千克的蟹种，孔径为 1.8 厘米的分级筛分离规格小于 200 只/千克的蟹种，孔径为 2 厘米的分级筛分离规格小于 160 只/千克的蟹种，孔径为 2.4 厘米的分级筛分离规格小于 120 只/千克的蟹种。大规格蟹种中需要手工剔除 1 龄性早熟蟹。用蟹种专用尼龙网袋（尺寸为 35 厘米×35 厘米）装蟹种，通常每袋装 5 千克左右，温度过高和运输距离较长时可适当减少装袋重量。

三、健康养殖技术

（一）健康养殖（生态养殖）模式和配套技术

河蟹成蟹养殖主要为池塘养殖。

1. 池塘条件

成蟹养殖池塘底部平坦，沙壤土为佳，面积在 5～30 亩为宜，塘埂面宽 2～3.0 米，蓄水深度为 1.0～1.4 米，有独立进排水系统，池塘四周设有 40 厘米高的防逃板，防止池塘内河蟹逃逸。池塘内部配有底部增氧系统，增氧设备主机功率按照每亩 0.25 千瓦左右配置，增氧机通过管道与各池塘的增氧盘相连。

2. 蟹种放养

放养规格和密度依当地养殖习惯和市场需求而定，一般放养密度为 1 000～

1 600 只/亩，蟹种规格为 100～160 只/千克。蟹种要求无性早熟、规格整齐、肢体健全、活动敏捷、体表无寄生虫和病斑。蟹种放养时间为当年 1—3 月，放养前用 3%的盐水或 30 毫克/升浓度为 10%的聚维酮碘消毒 0.5 小时。

3. 养殖模式及饲养管理

中华绒螯蟹"申江 1 号"以池塘主养为主，适宜套养的品种主要是日本沼虾、鳜、鲢、鳙等。养殖过程中以投喂系列化的配合饲料为主，饲料种类、主要营养成分、投喂时间和投喂频率见表 2。投喂时间通常在每日 17:00 左右，投喂时应使饲料在池塘中分布均匀，同时在食台上放入适量饲料便于检查残饵情况；大雨天不喂，阴雨天少喂。成蟹养殖过程中逐步加深池塘水位，高温期水位保持在 1.2 米左右，参考"春浅、夏满、秋适中"的原则灵活调整水位。成蟹养殖早期（3—6 月）和后期（9—10 月）的水草以伊乐藻为主，中期以伊乐藻和轮叶黑藻为主，水草覆盖率为 30%～70%。

表 2　成蟹养殖阶段投喂的饲料种类和营养成分等

饲料种类	粒径	粗蛋白含量（%，干重）	总脂含量（%，干重）	投喂时间	投喂频率（次/天）
成蟹 1#	2.0	41.3	10.4	3 月至 6 月初	0.5～1
成蟹 2#	2.5	38.8	9.5	6 月中旬至 7 月底	1
成蟹 3#	3.5	37.3	12.5	8 月初至 11 月底	0.3～1

（二）主要病害防治方法

1. 肠炎

【病因及症状】由于气候变化异常、水质变化或饲料变质等原因，中华绒螯蟹很容易产生肠炎，病原体为嗜水气单胞菌或肠型点状气单胞菌。症状为摄食减少或拒食，口吐黄色泡沫、肠胃发炎、肌肉发白，轻压肛门，肠道有黄色黏液流出。

【流行季节】5—6 月春夏交替或 9—10 月夏秋交替季节。

【防治方法】①用次氯酸钠溶液（水产用）全池泼洒，每次 1～2 克/米^3，每 7～10 天使用 1 次，连用 2 次；②用聚维酮碘溶液（水产用）全池泼洒，每次 0.5～1 克/米^3，每 10～15 天使用 1 次。

2. 纤毛虫病

【病因及症状】聚缩虫和累枝虫等寄生在蟹体表面。症状为病蟹体表和鳃上有一层肉眼可见的灰白色或灰黑色绒毛状附着物，患病个体行动缓慢，摄食能力降低或停食，感染严重的成蟹，生长发育停滞，不能蜕壳。

【流行季节】5—10 月，适宜流行水温 18～28 ℃。

【防治方法】①蟹种放养时采用硫酸锌粉（水产用，商品名为甲壳净等）5毫克/升或聚维酮碘溶液（水产用）30毫克/升药浴消毒0.5小时；②用含氯石灰（水产用）化水后全池泼洒，浓度为15毫克/升，每15天使用1次；③用硫酸锌粉（水产用，参照使用说明书使用）全池泼洒消毒，浓度为0.7毫克/升，每隔15～20天使用1次。

四、育种和苗种供应单位

（一）育种单位

1. 上海海洋大学

地址和邮编：上海市浦东新区沪城环路999号，201306

联系人：吴旭干

电话：15692165021

2. 深圳市澳华集团股份有限公司

地址和邮编：深圳市南山区南海大道海王大厦10E，518054

联系人：邓康裕

电话：13854293006

3. 浙江澳凌水产种业科技有限公司

地址和邮编：浙江省湖州市长兴县洪桥镇中道村，313106

联系人：曹正华

电话：13862689695

4. 常州市金坛区水产技术推广中心

地址和邮编：江苏省常州市金坛区晨风路12号，203299

联系人：罗明

电话：13921001251

5. 射阳县陈瑜水产养殖有限公司

地址和邮编：射阳县临港工业区沿河路北侧，224314

联系人：陈瑜

电话：13327998188

（二）苗种供应单位

1. 浙江澳凌水产种业科技有限公司

地址和邮编：浙江省湖州市长兴县洪桥镇中道村，313106

联系人：曹正华

电话：13862689695

2. 射阳县陈瑜水产养殖有限公司

地址和邮编：射阳县临港工业区沿河路北侧，224314
联系人：陈瑜
电话：13327998188

五、编写人员名单

吴旭干、成永旭、姜晓东、罗明、陈瑜等

中华绒螯蟹"阳澄湖1号"

一、品种概况

（一）培育背景

中华绒螯蟹，又称河蟹或大闸蟹，隶属于甲壳纲、十足目、方蟹科、绒螯蟹属，是一种经济价值较高的养殖种类。在我国长江、黄河、辽河等水系中均分布着河蟹的天然群体，不同地理种群河蟹由于长期的地理隔离性状形成一定差异，长江水系河蟹以个体大、肉质美、膏脂丰满而著称，特别是阳澄湖大闸蟹，深受广大消费者的青睐。经过近30年的人工养殖发展，河蟹养殖总产量超过了80万吨，创造了一个超500亿元的产业。然而，随着我国河蟹产业迅猛发展，河蟹主产区开始混杂出现不同水系河蟹的品种，造成河蟹种质退化、大规格蟹产量低、抗病性差，严重制约了我国河蟹养殖业的高质量发展。

阳澄湖大闸蟹，产于有江南"水乡泽国"之誉的苏州阳澄湖，是国家地理标志产品，享誉海内外。近年来，"蟹扣""洗澡蟹""蟹污染"等乱象严重影响了阳澄湖大闸蟹的产业发展。目前，阳澄湖地区缺少本地河蟹选育新品种，自选河蟹亲本"代培"现象大量存在，种苗质量参差不齐，无法从源头上解决阳澄湖大闸蟹产业关键问题。鉴于阳澄湖大闸蟹种质和养殖的现状，亟须进行阳澄湖大闸蟹良种选育，建立良种品牌，更好地擦亮"阳澄湖大闸蟹"的金字招牌，确保河蟹产业绿色高质量发展。

（二）育种过程

1. 亲本来源

原始亲本来源于中华绒螯蟹阳澄湖养殖群体和长江野生群体。

偶数年基础群体：2006年5月，从上海市崇明岛附近的长江口捕捞大眼幼体（规格约21千克/尾），2007年11月培育至成蟹，从中挑选雄蟹235只；2007年11月，从阳澄湖养殖群体成蟹中挑选雌蟹590只。

奇数年基础群体：2007年5月，从上海市崇明岛附近的长江口捕捞大眼幼体（规格约27千克/尾），2008年11月培育至成蟹，从中挑选雄蟹224只；

2008 年 11 月，从阳澄湖养殖群体成蟹中挑选雌蟹 565 只。

2. 技术路线

中华绒螯蟹“阳澄湖 1 号”培育技术路线见图 1。

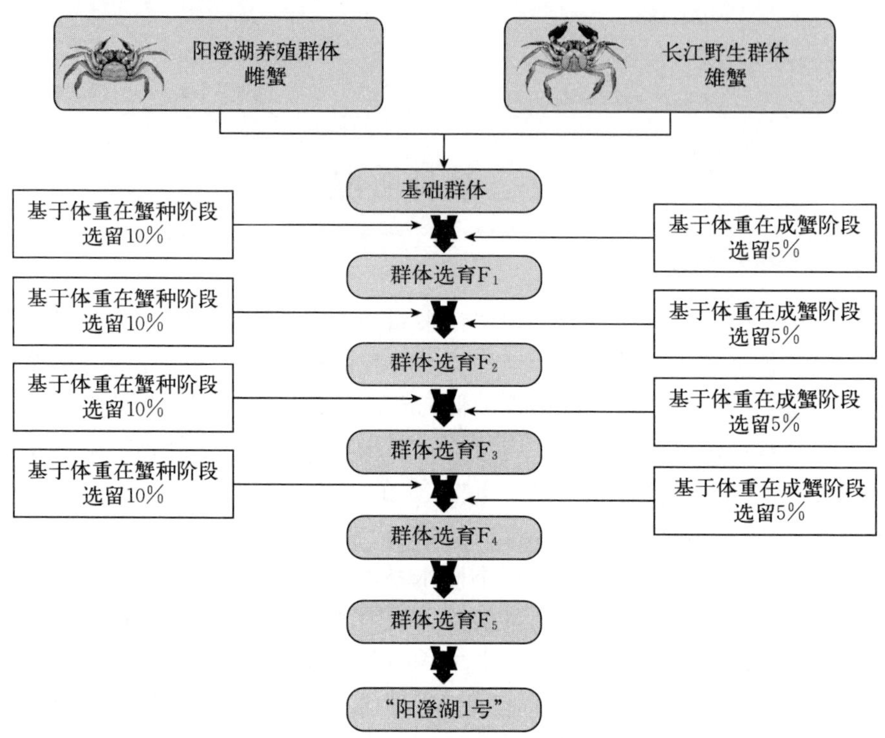

图 1　中华绒螯蟹“阳澄湖 1 号”培育技术路线

3. 培（选）育过程

中华绒螯蟹的性成熟年龄为 2 龄，亲蟹繁殖后通常很快死亡，因此存在奇偶年群体之分，按奇偶年同时进行选育。

2006 年 5 月，在上海市崇明岛附近的长江口区域收集中华绒螯蟹野生群体大眼幼体（规格约 21 千克/尾），运至苏州阳澄湖基地进行养殖并培育至蟹种和成蟹。2007 年 11 月，从培育的中华绒螯蟹长江水系野生群体中挑选附肢齐全、体质健壮、活力强、性腺发育良好、背甲青色的雄蟹 235 只（体重≥200 克）；从阳澄湖水系养殖群体中挑选附肢齐全、体质健壮、活力强、性腺发育良好、背甲青色的雌蟹 590 只（体重≥150 克），共计 825 只亲本，构建偶数年选育基础群体。2008 年 5 月基础群体繁殖获得 F_1，在蟹种阶段和成蟹阶段对 F_1 进行选留。蟹种阶段在繁育当年的 12 月至翌年 2 月进行选择，以体重为选留指标，选择率为 10%；成蟹阶段在 2 龄阶段的 11 月进行选择，以体重为选留指标，挑选出具有显著生长优势和品种特征的个体作为亲本，选择率为5%，总体选择强度为0.5%。2009年11月挑选亲本进行配对，2010年5月繁育获得F_2大眼幼体。按照相同的方法在2012年、2014年和2016年分别繁殖获得F_3、F_4和F_5，即为偶数年F_1～F_5选育系。

2007年5月，采用相同方法在上海市崇明岛附近的长江口区域收集中华绒螯蟹野生群体大眼幼体（规格约27千克/尾），运至苏州阳澄湖基地进行养殖并培育成蟹种和成蟹。2008年11月，从培育的中华绒螯蟹长江水系野生群体中挑选附肢齐全、体质健壮、活力强、性腺发育良好、背甲青色的雄蟹224只（体重≥200克），然后从阳澄湖水系养殖群体中挑选附肢齐全、体质健壮、活力强、性腺发育良好、背甲青色的雌蟹565只（体重≥150克），共计789只亲本，构建奇数年选育基础群体。2009年5月基础群体繁殖获得F_1，采用与偶数年相同的选育方法进行逐代选育，于2011年、2013年、2015年和2017年繁殖获得F_2、F_3、F_4和F_5，即奇数年F_1～F_5选育系。

中华绒螯蟹“阳澄湖1号”是指2018年获得的偶数年F_5的子代和2019年获得的奇数年F_5的子代。

（三）品种特性和中试情况

1. 品种特性

在相同养殖条件下，与中华绒螯蟹“诺亚1号”相比，“阳澄湖1号”18月龄体重提高10.02%。适宜在全国水温15～30℃的人工可控的淡水水体中养殖。

2. 中试情况

2019—2022年，陆续在江苏省苏州市、无锡市、泰州市，安徽省马鞍山市、芜湖市、蚌埠市，以及湖北省松滋市等地区进行了连续多年生产性对比试验，累计养殖面积22 046亩（江苏省19 892亩、安徽省1 960亩、湖北省194亩）。试验结果表明，在相同养殖条件下，中华绒螯蟹“阳澄湖1号”与未经选育中华绒螯蟹相比，体重提高19.04%～25.40%，大规格蟹（雌蟹≥150克/尾、雄蟹≥200克/尾）比例提高16.97%～32.07%；中华绒螯蟹“阳澄湖1号”与中华绒螯蟹“诺亚1号”相比，体重提高10.02%～12.96%，大规格蟹（雌蟹≥150克/尾、雄蟹≥200克/尾）比例提高12.69%～19.25%。

二、人工繁殖技术

（一）亲本选择与培育

1. 亲本选择

从中华绒螯蟹“阳澄湖1号”中挑选体质健壮、附肢齐全、活力强、性腺发育良好、背甲青色的个体作亲本。

2. 亲本培育

（1）培育环境　池塘面积一般 3～5 亩，水深 0.8～1.2 米，水源充足、水质良好、排灌方便。放养前，干塘暴晒，用生石灰或漂白粉等消毒。种植水草，如伊乐藻、轮叶黑藻等，覆盖率 50%～60%，为河蟹提供栖息和隐蔽场所。

（2）饲养管理

① 放养密度。一般每亩放养雌蟹 600～800 只、雄蟹 200～300 只。

② 饲料投喂。以新鲜的小鱼、小虾、螺蛳、蚌肉等动物性饵料为主；投喂量一般为体重的 5%～8%，根据水温、天气和河蟹的摄食情况灵活调整投喂量；投喂时做到定点、定时、定量，确保亲本吃饱、吃好。

③ 水质管理。保持水质清新，透明度 30～50 厘米；使用微生物制剂等改善水质。

④ 日常管理。加强巡塘，观察河蟹的活动、摄食、蜕壳等情况，及时发现并处理问题；定期消毒，在饲料中添加免疫增强剂，提高亲本的抗病能力。

（二）人工繁殖

1. 地点和池塘选择

江苏如东、射阳等沿海区域。水质无污染、海水盐度适宜（15～30），淡水资源丰富，交通、供电方便。

池塘面积 3～5 亩，池深 2.0～2.5 米，坡比 1∶1，池塘对角分别架设一台水车式增氧机。

2. 亲本交配与抱卵

（1）亲本来源与选择　每年 11—12 月，从中华绒螯蟹“阳澄湖 1 号”后备亲本中挑选体质健壮、附肢齐全、性腺发育良好、背甲青色个体作亲本，其中，雌蟹规格不低于 200 克/只，雄蟹规格不低于 300 克/只，雌雄比例为（2～3）∶1。

（2）亲蟹包装与运输　用尼龙网袋包装，要求亲蟹腹部朝下，雄蟹密度以不超过 20 只/袋为宜，雌蟹以不超过 30 只/袋为宜。运输过程中避免突然降温，同时防止亲蟹挤压受伤，以夜晚低温运输为宜。

（3）亲蟹交配

① 池塘准备。亲蟹下塘前 7～10 天注入盐度约 20 的海水，水深 1 米。用漂白粉（50 毫克/升）对水体进行消毒。

② 亲蟹放养。亲蟹放养量为 1 000 只/亩，雌雄比例为（2～3）∶1。

③ 亲蟹交配与管理。

亲蟹交配：放入池塘的亲蟹在海水的刺激下进行交配和抱卵。

水质管理：亲蟹入池10天后进行第一次换水，排干池塘水，加入经消毒处理的蓄水池水。再过10天进行第二次换水，并取出全部雄蟹。此后，每隔1个月换水1次，换水量根据水质状况进行。

饵料投喂：饵料以新鲜小杂鱼为主，搭配贝类、煮熟后用乳酸菌发酵的玉米和黄豆。交配期间（下池后20天）每日投喂，饵料投喂量为亲蟹体重的1%～3%。越冬期间，根据天气和摄食情况合理投喂。如气温低于0℃，基本不投喂；5℃以上，4～5天投喂1次；10℃以上，2～3天投喂1次。

④ 抱卵蟹的起捕与挂笼布苗。在4月初，将越冬池的抱卵蟹取出，观察其胚胎发育情况，当“心跳”频率达到150次/分钟时，即可挂笼。将抱卵蟹放入笼中，挂笼密度为25～30只/亩（以实际产空的抱卵蟹数量为准）。

（三）苗种培育

1. 蟹苗培育

（1）池塘准备　挂笼前14天左右，使用漂白粉80～100毫克/升消毒，杀灭育苗池中有害微生物和各种敌害生物。

（2）饵料生物培养

① 藻类培养。挂笼前15天，在轮虫培养池中，每亩使用200千克发酵生物有机肥并接入海水小球藻藻种，培养以小球藻为主的单胞藻；之后根据藻类浓度和轮虫密度及时补肥。

② 轮虫培养。在藻类培育良好的池塘中，适量接种轮虫。培养批量轮虫，定期采收轮虫喂养河蟹溞状幼体。

（3）溞状幼体孵化与管理　挂笼后2～3天内，溞状幼体脱离母体进入水体，达到预计布池密度时将母本取出，进入溞状幼体孵化阶段。

① 饵料投喂。溞状幼体Z1阶段以投喂小球藻和酵母为主，适量投喂轮虫。Z2～Z5阶段全程投喂轮虫。每天观察育苗池中虫的密度，确定当日轮虫的投喂量。每日投喂两次：7:00投喂60%，16:00投喂40%，以2～3小时基本摄食完为宜。

② 水质管理。育苗期间水深维持在1.8～2.0米，水体的透明度维持在50厘米左右为宜，溶解氧含量不低于6毫克/升。定期使用微生态制剂调控水质。

③ 拉网捕苗。在温度适宜的条件下，30天左右溞状幼体变态为大眼幼体。大眼幼体变态后6～7天检查大眼幼体状态，捞出沥水后能基本自动散开、不出现明显抱团现象，即可拉网捕苗。

（4）淡化

① 淡化池规格。淡化池一般为长方形水泥池，规格一般为5.0米×4.0米×

1.5 米，池底微孔曝气点间距 50 厘米。

② 淡化池准备。淡化前 1 天，淡化池注水 10～20 厘米，用高锰酸钾 10～20 毫克/升进行池壁和池底消毒。清洗后注入 1.0 米的海水，盐度同育苗池。

③ 蟹苗淡化。淡化密度为大眼幼体 100 千克/池。5 小时后加入淡水 50 厘米，水深到 1.5 米。

④ 淡化期的管理。投饵次数为 2 小时 1 次，投喂轮虫、淡水枝角类、冰冻新鲜卤虫等，投喂量为 2 千克/次。淡化时间为 2～3 天。淡化期间每天换两次淡水，时间为 6:00 和 18:00，每次换水量为 1/3。

（5）出池

① 出池时间。大眼幼体体色由黑转为金黄色为出池最佳时间。

② 蟹苗质量鉴别。规格为 12 万～14 万只/千克。大眼幼体金黄色，抓在手中松开后，四处逃窜为最佳。

2. 蟹种培育

（1）池塘准备　蟹种池大小一般 3～10 亩，深 1.2～1.5 米，宽 25～50 米；采用塑料膜加聚乙烯网布护坡，池埂坡比 1∶1。配备微孔增氧，底层曝气点间距为（2～3）米×4 米；水车式增氧机，对角各一台。总配电功率每亩不少于 0.5 千瓦。

清塘药物常有生石灰和漂白粉，生石灰干法清塘的用量为 50～75 千克/亩，漂白粉干法清塘的用量为 10 千克/亩（有效氯含量为 30%时）。清塘后，向蟹种培育池注水 0.3～0.4 米，注水时进水口用 60 目网片包扎，防止外界敌害生物进入。蟹种放养前 7～10 天使用发酵有机肥料培育浮游动物，增加蟹种下塘后的活饵料。

在 5 月上中旬，蟹苗下塘前一周左右，向蟹种培育池塘移植水花生。水花生下塘前应清洗干净，并最好在阴凉干燥处放 24 小时以上，去除鱼卵、螺类等水生动物。水花生投放面积为池塘的 1/4～1/3，并用尼龙绳整齐固定。

（2）蟹苗放养

① 蟹苗来源。中华绒螯蟹“阳澄湖 1 号”大眼幼体。

② 蟹苗运输。使用运苗箱干法运输。

③ 蟹苗放养。每亩放养蟹苗 1.5～2.0 千克。将蟹苗均匀撒在池塘四周的水面。

（3）饵料投喂

① 饲料种类。蟹种专用配合饲料，符合 SC/T 1078 的规定。

② 投喂方法。蟹苗下塘后至Ⅲ期仔蟹期间以池中的浮游生物为主要饵料，Ⅲ期仔蟹后投喂配合饲料，早晚各投一次，每次各投一半，总投喂量为蟹体重的 5%左右。

（4）日常管理

① 水质管理。蟹塘的水体透明度以40～50厘米为宜。当透明度低于40厘米时，抽去底层水1/3～1/2，然后注入新水。换水时要掌握蟹塘的水温变化在3℃以内。定时用微生态制剂，防止氨氮、亚硝酸盐超标。

② 水草维护。7—9月，水花生生长过于旺盛时要适当稀疏拉开2次，覆盖面超过70%的部分捞出，不足50%的要及时补充。

③ 疾病预防。每月使用漂白粉全池泼洒1次，每立方米用漂白粉4～5克。如果池水pH超过8.5，则控制漂白粉的使用量。每15～20天用生石灰化浆泼洒1次，用量为1千克/亩。

药物使用应符合农业农村部《水产养殖用药明白纸》的规定。

④ 防逃。经常检查防逃设施是否破损，一经发现立即修补。关注天气预报，防汛季节应加固，台风、暴雨之后要彻底检查一次防逃设施。同时要注意进、排水口是否用网布包扎好，防止河蟹逃逸。

⑤ 敌害防控。每晚巡塘检查，防止敌害生物（鼠、蛇等）进入养蟹池塘。如果有野杂鱼应及时杀灭清除；9月底开始，下地笼捕捞成熟的小蟹（老头蟹），尽量捕捞干净。

⑥ 日常管理。在管理上坚持做好“四查”“四勤”“四定”和“四防”工作。四查，即查蟹种吃食情况、查水质、查生长、查防逃设施。特别是防逃设施，在大风、大雨时，应及时检查，发现问题，随时修理，保持设施完好。四勤，即勤除杂草、勤巡塘、勤做清洁卫生工作、勤记录。四定，即投饵要定质、定量、定时、定位。四防，即防敌害生物侵袭、防水质恶化、防蟹种逃逸、防偷。

⑦ 捕捞转运。蟹种用地笼捕捞或水草打堆用抄网从草堆底部抄起；捕捞上来的蟹种要在流水曝气池中吐水2小时以上，再放到分拣台挑出残蟹、老头蟹后打包；早春打包避免结冰，后期打包装运避免高温，运输时排放网包不要超过2层，最好用塑料筐分装。

三、健康养殖技术

（一）健康养殖（生态养殖）模式和配套技术

1. 池塘健康养殖

（1）养殖环境

① 池塘条件。周边生态环境良好，水源充足，排灌方便，进、排水分开，水质应符合GB 11607的规定。

池塘土质为壤土或黏土，淤泥≤10厘米；池塘为长方形，东西向，面积为 5～30 亩，埂面宽 2～3 米，坡比 1∶(2～3)，池底为平底型或回字环沟型。

② 防逃设施。塘埂四周用高 60 厘米以上的塑料板、尼龙薄膜、钢化玻璃等作防逃设施，埋入土中 10～20 厘米，每隔 3～4 米用铁管桩或木桩固定。

③ 增氧设施。环沟型池塘采用底部微孔增氧与水车式增氧相结合，平底型池塘采用盘式微孔增氧或线型微孔增氧；以每 10 亩池塘配备 3～5 千瓦增氧系统为宜。

(2) 放养前准备

① 清塘消毒。清除过多的淤泥，暴晒 20～30 天后，加水 20～30 厘米，使用 20～50 千克/亩漂白粉化水全池泼洒。

② 水草栽种。水草品种包括伊乐藻、轮叶黑藻和矮生苦草；栽种时间为前一年 12 月至当年 3 月。

种植水草前 1 天水位降低至 10 厘米左右，平底型池塘压土种植伊乐藻，间距 2～4 米，用草量 30～50 千克/亩，并视情况间种矮生苦草，矮生苦草行距 0.5 米、株距 0.5 米；环沟型池塘在环沟中种植伊乐藻，田板种植矮生苦草或轮叶黑藻。

③ 围网设置。套养小龙虾的池塘应在冬闲时期设置围网暂养区，在池埂内侧基部（俗称开锹线）增设一道围网，围网网目>30，围网高度略高于池埂水平线。至 5 月底，解开或拔除内侧围网，通过降低水位逼小龙虾上岸筑穴打洞交配繁殖，减少 6—8 月留塘小龙虾。

(3) 苗种放养

① 苗种质量与来源。蟹种为“阳澄湖 1 号”，青虾、罗氏沼虾虾种应从具水产苗种生产许可相关资质的苗种场采购或为自行培育的苗种。蟹种质量应符合 GB/T 26435 的要求；青虾苗种质量符合 DB32/T 331 的要求；罗氏沼虾苗种质量符合 SC 1054—2002 的要求；小龙虾抱仔虾应体表干净、强壮饱满、活动敏捷、附肢完整无缺损，鳃丝颜色正常，无缺损和黑鳃现象。

② 苗种规格。河蟹蟹种规格 80～120 只/千克；青虾苗种规格 1 000～1 500 尾/千克；小龙虾抱仔虾规格 16～28 尾/千克；罗氏沼虾大规格虾苗 80～120 尾/千克。

③ 放养密度。

模式一：河蟹 800～1 000 只/亩；青虾 10～15 千克/亩。

模式二：河蟹 800～1 200 只/亩；小龙虾抱仔虾 10～15 尾/亩。

模式三：河蟹 800～1 200 只/亩；罗氏沼虾大规格苗 400～800 尾/亩。

模式四：河蟹 800～1 200 只/亩；青虾 10～15 千克/亩；小龙虾抱仔虾 10～15 尾/亩。

模式五：河蟹 800～1 200 只/亩；青虾 10～15 千克/亩；罗氏沼虾大规格

苗 400～800 尾/亩。

④ 放养时间。蟹种 1—3 月放养；青虾 2 月中旬至 3 月初放养；小龙虾抱仔虾 4—5 月放养；罗氏沼虾苗种 6 月初（水温≥18 ℃）放养。

⑤ 苗种消毒。蟹种和虾种用 3%～5%的盐水浸浴 10～15 分钟。

（4）饲料管理

① 饲料种类。投喂饲料种类包括河蟹配合饲料、鲜杂鱼、黄豆、玉米等。

② 饲料质量。配合饲料应符合 SC/T 1078 的规定，鲜杂鱼、黄豆、玉米等应符合 GB 13708 的规定。

③ 投喂原则。做到定时、定量、定质、定位，并根据水质、水温、天气及摄食等情况科学调整投喂量。

④ 投喂方法。水温达到 5 ℃以上时开始投喂河蟹沉性颗粒饲料，全池均匀抛洒，傍晚投饲；河蟹成蟹第 4 次蜕壳前全程投喂河蟹配合饲料，第 4 次蜕壳后至上市前以投喂河蟹配合饲料和绞碎的鲜杂鱼为主，辅以煮熟的黄豆、玉米等植物性饲料。

⑤ 投喂量。1～2 月龄，隔天投喂 1 次，投喂量以河蟹能摄食完为准；3～4 月龄，投喂量为存塘虾蟹体重的 1%～2%；5～6 月龄为 3%～5%；7～10 月龄为 5%～10%。

（5）养殖管理

① 水位控制。3—5 月池塘水深 0.4～0.6 米，6—8 月水深 0.8～1.5 米，9—11 月水深 1.0～1.2 米；一般 5～7 天注水 1 次，35 ℃以上的高温季节每天换水 5～10 厘米，注水时进水口用 60 目和 100 目双层筛绢网过滤。

② 水质调控。保持池塘溶解氧不低于 5 毫克/升。每 7～10 天施用光合细菌、EM 菌等微生物制剂 1 次，每 10～15 天施用过硫酸氢钾、枯草芽孢杆菌等底质改良剂 1 次，保持池塘水体透明度在 40 厘米左右，7.5＜pH＜9、氨氮≤0.3 毫克/升、亚硝酸盐≤0.1 毫克/升。

③ 水草管理。水草覆盖率以 40%～50%为宜，定期刈割维护，水草带之间保留 2～4 米的通道。采取促、疏、割、控、护等方法保持水草不出水面。

④ 巡塘。早晚各巡塘一次，观察水质变化，检查河蟹、青虾、小龙虾和罗氏沼虾的活动、蜕壳、摄食情况，检修养殖防逃设施，观察并驱除敌害。

⑤ 生产记录。建立日常养殖生产档案，生产记录保存 24 个月以上。

（6）病害防治

① 防治原则。坚持预防为主的原则，做到生态调节与科学用药相结合，提高蟹、虾的免疫力，控制疾病的发生。

② 防治方法。疾病防控参照《水产养殖动物疫病防控指南（试行）》（农渔养函〔2022〕116 号）的规定执行。药物选用应符合农业农村部《水产养殖

用药明白纸》的规定。

(7) 捕捞上市

① 河蟹。河蟹自 9 月中下旬开始捕捞，至 11 月底结束。根据市场行情及气温变化情况灵活掌握捕捞时间，采用地笼捕捞、人工捕捉及干塘起捕等捕捞方式。

② 青虾。青虾 4 月中下旬起捕，至 5 月底结束。采用水面单向开口的地笼捕捞。

③ 小龙虾。小龙虾 6 月开始捕捞上市，宜采用小龙虾专用捕捞地笼进行捕捞，8 月中旬应全部捕尽。

④ 罗氏沼虾。罗氏沼虾于 9 月初起捕直至河蟹成熟上市。采用专用地笼、拖网、排水捕捞及干塘起捕等捕捞方式。

(8) 尾水排放　捕捞结束后排干池水，水体经净化处理后汇入生态净化塘，同时对排放尾水进行监测，监测点设在尾水排放口，养殖尾水排放应符合相关规定。

2. 围网生态养殖

(1) 围网区选择　选择开阔的水域，要求湖底平坦，底质硬，淤泥少，常年水深 1.5～2.5 米，水流缓慢，风浪较少，水质符合 GB 11607 的规定。

(2) 围网设计施工

① 围网面积。网围面积需依据水域环境条件、养殖方式、养殖者的管理水平和养殖证等情况规划确定。一般围网面积为 50～200 亩。

② 围网标准。

高度：以网围水域常年平均水深为基础，增加 1.0～1.5 米为设计网高，再以历年的汛期水深为依据，做好加高的备用网。

形状：根据养殖面积大小，单个网围设计成圆形，具有抗风能力强、省材料的优点；多个网围在一起，设计成方形、长方形均可，但四角需设计成圆弧形。

网衣：网围采用双层结构，内外层间距 3～6 米。网衣由 3×3 聚乙烯网线编织、网目为 2.2 厘米的网片缝合而成。网衣上端、中间、下端分别装 5×12 聚乙烯网线编制的纲绳，装纲的缩结系数为 0.5，下纲装石笼。

③ 石笼。用聚乙烯网片缝合成直径为 10～15 厘米的圆筒，里面装入直径为 3～4 厘米的石子。每米石笼重 6～8 千克，石笼没入淤泥 20～40 厘米。

④ 固定桩。竹桩、木桩或 304 不锈钢钢管。木桩或钢管选用直径 7～8 厘米，竹桩选用根部直径 10～12 厘米、梢部直径不小于 5 厘米、长为 4～5 米的毛竹。桩入泥 0.5～1.0 米，间距 2～4 米。

⑤ 网围的施工。当网围地点、面积、形状确定后，即可按预定计划施工。

先按照设计要求打好桩，单块网片在岸上拼成20～30米长的大网片，上纲缝接盖网，下纲缝接石笼，用船运至网围地点沿桩下网，一边下网一边将大网片拼接成整个网围，石笼踩入淤泥，中间腰纲、上纲固定在桩上使网衣绷直。内层桩上端间隔1～2根桩向内侧横向捆缚长1米的木桩或竹桩，用于固定盖网。在内外层网围之间设置地笼，以检查逃蟹情况。

（3）蟹种来源及放养

① 蟹种来源。中华绒螯蟹“阳澄湖1号”蟹种，蟹种质量应符合GB/T 26435的要求。

② 蟹种运输、处理。蟹种经过清水冲洗、吊养后，用尼龙网袋扎带包装运输。

③ 蟹种放养。蟹种放养时间为当年2—3月，水温3～10℃。蟹种放养时用高锰酸钾溶液或0.3%生理盐水进行消毒。放养密度为每亩放蟹种300～600只；蟹种规格每千克60～100只，要求规格整齐、肢体健全、反应敏捷、行动迅速、体表无附着生物和寄生虫、无早熟。

④ 分级放养。放养时先在网围内建一个面积占整个养殖区面积1/10～1/5的暂养区，将蟹种先放在暂养区内饲养，待水草发芽后长得较茂盛、螺蛳繁殖到一定数量时，再撤去暂养区网围，让蟹种自行爬入网围区。

（4）养殖管理

① 活饵料投放。在清明节前后投放螺蛳400～500千克/亩，均匀投放。

② 配合饲料投喂。投喂蛋白质含量36%～43%的优质河蟹全价配合饲料。3月底开始每天投喂一次河蟹成蟹配合饲料，按照河蟹体重的2%～4%确定投饲量。饲料符合GB 13078的要求。

③ 水草的生长管理。高温季节对伊乐藻要割除上层部分，保持藻体距水面30厘米左右；出现过密情况，采取打通道的方法疏通，保留70%的水草。养殖后期应及时清除过多的水草，减少水草覆盖面积，便于捕捞。

④ 病害防控。蟹病防治以生态防病为主，在养殖中后期可使用EM菌、芽孢杆菌等生物制剂。坚持每日巡塘，发现问题及时解决。

⑤ 生长监测。在主要生长季节，每月定时监测生长情况，抽样雌、雄蟹各30只，测量壳宽、壳长、体重，记录备案。发现生长异常及时分析处理。

⑥ 日常管理。日常做到“五防”“五勤”，即防逃、防病、防大风、防洪水、防偷窃破坏；勤巡逻、勤倒地笼、勤检查维修、勤清除残饵、勤记录。关键是防逃，养殖过程中有3个阶段是河蟹最易逃亡的时间，应重点防范。第一个阶段是蟹种放养7～10天内，第二个阶段是汛期暴雨季节，第三个阶段是秋季捕捞季节。

（5）捕捞、暂养和包装

① 捕捞。9 月底开始捕捞，捕捞方式为地笼捕捞。

② 暂养。选择水质良好、交通便利的池塘，放置网箱进行商品蟹的暂养，暂养网箱不宜密度过高，可适量投喂新鲜杂鱼、玉米等以保持商品蟹的肥满度。

③ 包装。包装工具有蒲包和专用礼盒。包装材料要求清洁、轻便、牢固、光滑、通气；将每只蟹捆紧装箱，使河蟹不能爬动，放置时使河蟹的背朝上，腹朝下。

（二）主要病害防治方法

河蟹养殖过程中常见疾病有黑鳃病、颤抖病、肠炎病、纤毛虫病、水瘪子病等，这些病害的发生主要是由于养殖环境的恶化造成河蟹抵抗力下降，蟹体感染细菌、寄生虫等导致。中华绒螯蟹“阳澄湖 1 号”的养殖始终坚持“预防为主，防治结合、防重于治”的原则：在整个养殖过程及各个管理环节中贯彻生态防治理念，包括生态清塘、水质底质改良、免疫增强投喂等方面，营造良好的池塘环境，以预防和控制病害的发生。

1. 生态清塘

一般在当年 12 月至翌年 1 月，河蟹全部捕捞上市后进行池塘清整消毒。抽干池水，冻晒 30～50 天后，清除多余淤泥、修整环沟，并用生石灰（100～150 千克/亩）或漂白粉（25～50 千克/亩）进行池塘消毒，清除残留的病原菌、寄生虫和野杂鱼等致病及敌害生物。消毒后需进行解毒与培水操作。

2. 管好水质和底质

养殖前期利用晴好天气及时肥水培藻，营造“肥、活、嫩、爽”的池塘水体。养殖过程中定期使用微生态制剂，使有益菌形成优势种群，抑制病菌繁殖。3—5 月每 10 天使用 1 次；6—8 月，每 5～7 天使用 1 次；养殖中后期每 10～15 天使用 1 次。常用的微生态制剂包括 EM 菌、乳酸菌、光合细菌、芽孢杆菌等。在河蟹大量蜕壳前期给水体补充钙、镁等矿物质；在蜕壳高峰期和天气突变时，使用维生素 C 等抗应激类产品，降低河蟹应激反应，增强其免疫力，促进健康生长。

3. 把握杀虫消毒时机

河蟹第一、二、三次蜕壳后，每月进行一次杀虫消毒，防治纤毛虫病、鳃病、烂肢腐壳病等。6 月底进入梅雨季后，温度适宜、湿度大、光照不足，要连续 1～2 次消毒水体，防止有害病菌滋生。可使用复合碘溶液、溴氯海因、聚维酮碘等进行消毒，既能杀死多种细菌和病毒，又对苗种安全无刺激。

4. 加强营养和肠道环境改良

投喂优质、营养全面的饲料，避免单一或营养不全面的饲料导致河蟹营养不良。5—6月宜在饵料中拌服2～3个疗程（5～7天为一疗程）的防病内服药，如大蒜素、恩诺沙星粉、氟苯尼考粉，以预防肠炎病、颤抖病等病害的发生。

河蟹病害防治需要综合考虑多个方面，并且要密切观察河蟹的生长状况，及时发现问题并对症下药。

四、育种和苗种供应单位

（一）育种单位

1. 中国水产科学研究院淡水渔业研究中心

地址和邮编：江苏省无锡市滨湖区山水东路9号，214081

联系人：徐钢春

电话：13861865113

2. 苏州市阳澄湖现代农业发展有限公司

地址和邮编：江苏省苏州市相城区阳澄湖镇相石路1号，215141

联系人：丁慧明

电话：17706202681

3. 苏州优华生态科技有限公司

地址和邮编：江苏省苏州市相城区阳澄湖洪家圩，215141

联系人：庄红根

电话：13606119793

4. 苏州洄泾阳澄湖大闸蟹有限公司

地址和邮编：江苏省苏州市相城区阳澄湖镇消泾村，215141

联系人：周明良

电话：13706206481

5. 苏州市水产技术推广站

地址和邮编：江苏省苏州市姑苏区竹辉路158号，215006

联系人：张茂友

电话：13328006262

（二）苗种供应单位

1. 苏州洄泾阳澄湖大闸蟹有限公司

地址和邮编：江苏省苏州市相城区阳澄湖镇消泾村，215141

联系人：周明良

电话：13706206481

2. 苏州优华生态科技有限公司

地址和邮编：江苏省苏州市相城区阳澄湖洪家圩，215141

联系人：庄红根

电话：13606119793

五、编写人员名单

徐跑、徐钢春、朱文彬、高建操、张茂友、李红霞、周明良、庄红根

文蛤“苏海红1号”

一、品种概况

（一）培育背景

文蛤隶属于软体动物门、瓣鳃纲、帘蛤目、帘蛤科，肉质鲜嫩，味道鲜美，营养丰富，是我国重要的海水经济贝类之一。江苏是我国文蛤四大主产地之首，江苏文蛤的苗种和成品产量分别占全国的70％和60％以上。江苏“如东文蛤”品牌和地理标志产品不仅走俏国内市场，而且远销日韩等国际市场。江苏已形成涵盖文蛤苗种、养殖、加工、销售的全产业链条，并带动着全国文蛤产业发展。然而，近年来文蛤赖以生存的潮间带生境受到不可逆的破坏，导致天然附苗场骤减，甚至消失；文蛤天然苗种无序南北移养又导致种质衰退；长期以来人工养殖的文蛤多属于未经遗传改良的野生种，苗种质量参差不齐、生长速度总体缓慢、病害增多、质量下降，导致养殖难度大、效益下降，严重制约产业的稳定和可持续发展。

海水池塘是开展文蛤养殖的另一重要空间。沿海广布的海水虾类池塘适合开展底播经济贝类的虾贝混养，然而一些底栖贝类价值低、养殖周期长，与虾类养殖周期存在冲突，影响养殖户增产多收。培育文蛤快速生长新品种，可以缩短文蛤养殖周期，助力养殖户多品种养殖，实现增产增收。另外，在消费市场上，食客们对代表喜庆的红色有偏爱。在一些地区过年过节或是婚寿等喜事都有习俗将红壳色文蛤作为一道必不可少的菜肴，借以表达吉祥如意。红壳色文蛤的价格要高于普通文蛤，出口价则是普通文蛤的3～4倍。因此，江苏省海洋水产研究所利用文蛤产地优势，以红壳色和壳长为选育指标，以如东自然群体中少数红壳色突变体（3％～4％）为基础群，培育快速生长的红壳色文蛤良种供人工可控条件下养殖，以此来支撑产业的高质量和健康可持续发展。

（二）育种过程

1. 亲本来源

2007年从江苏省如东县腰沙-冷家沙自然海区野生文蛤群体中挑选红壳色

文蛤 5 000 粒构建育种基础群。

2. 技术路线

文蛤“苏海红 1 号”培育技术路线见图 1。

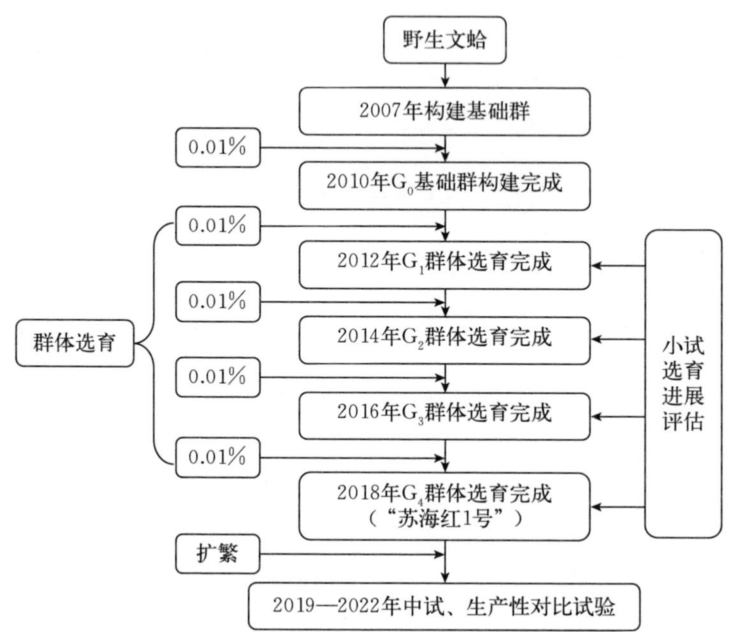

图 1　文蛤“苏海红 1 号”培育技术路线

3. 培（选）育过程

2007—2018 年，采用群体选育技术，以红壳色和壳长为目标性状进行连续 4 代选育。

（1）基础群体构建　2007 年从如东文蛤野生群体中挑选红壳色个体 5 000 粒构建育种基础群，性腺发育成熟后开始繁育，作一致性培育。子代 G_0 壳长 2～3 毫米时进行大量过筛上选（筛选率约为 10%）；壳长 9～10 毫米时再次过筛上选（筛选率约为 5%）；2010 年从两次筛选后长成的成贝中上选 2 000 粒红壳色个体留种（筛选率约为 2%，选择顺序为先选红壳色后选壳长，选择标准为将成贝中红色不纯、不深的个体挑出淘汰，并测量壳长排序，上选留取大个体），完成选育亲本群体的构建。

（2）连续 4 代选育　2010 年以上一代留种群体为亲本繁殖子代 G_1，前两次筛选过程同 G_0，2012 年从两次筛选后长成的红壳色成贝中上选 2 000 粒留种，筛选率约为 2%（方法同 G_0），整体留种率约为 0.01%。2012 年以上一代留种群体为亲本繁殖子代 G_2，前两次筛选过程同 G_0，2014 年从两次筛选后长成的红壳色成贝中上选 2 000 粒留种，筛选率约为 2%（方法同 G_0），整体留种率约为 0.01%。2014 年以上一代留种群体为亲本繁殖子代 G_3，前两次筛选过程同 G_0，2016 年从两次筛选后长成的红壳色成贝中上选 3 000 粒留种，筛选率约为 2%（方法同 G_0），整体留种率约为 0.01%。2016 年以上一代留种群体为亲本繁殖子代 G_4，前两次筛选过程同 G_0，2018 年从两次筛选后长成的红壳色成贝中上选 6 000 粒留种，筛选率约为 2%（方法同 G_0），整体留种率约为 0.01%，即完成文蛤新品种“苏海红 1 号”的选育过程。

（三）品种特性和中试情况

1. 品种特性

文蛤“苏海红 1 号”外壳表面呈酱红色，酱红色个体比例达 98.83%。在相同养殖条件下，与未经选育的文蛤相比，17 月龄壳长提高 13.14%。适宜在全国水温 5～30 ℃和盐度 10～32 的人工可控的海水水体中养殖。

2. 中试情况

2019—2022 年在江苏南通、盐城，浙江台州、温州挑选了在当地有较大影响力的水产企业和养殖大户，采用委托测试的办法开展了本品种与当地养殖群体的生产性对比试验，累计试验面积 8 409 亩，投放文蛤“苏海红 1 号”苗种 2.8 亿粒。结果表明，文蛤“苏海红 1 号”红壳色能够稳定遗传，酱红色个体比例达 98.83%。在相同养殖条件下，文蛤“苏海红 1 号”生长速度显著快于当地养殖群体，与未经选育的文蛤相比，17 月龄壳长提高 13.14%以上，增产效果明显。

二、人工繁殖技术

（一）亲本选择与培育

1. 亲本选择

文蛤“苏海红 1 号”亲本由江苏省海洋水产研究所及其授权繁育单位提供。亲本应选择 2 龄以上性腺发育成熟个体，要求壳形规则，无破损、无伤病、无寄生物。

2. 亲本培育

（1）培育环境　采用室外水泥池或者土池将亲本进行陆基保种培育。室外水泥池面积以 40～50 米^2 为宜，池内铺沙，沙粒直径 1 毫米以下，厚度 10 厘米以上，精养文蛤。土池面积在 3～5 亩，中间水槽，四周设平台，平台面积占土池面积的 20%左右，平台上泥质以旋耕机翻耕后最为适宜，混养文蛤。两种培育设施均配备完整的进排水系统，培育水位控制在 50～80 厘米。

（2）饲养管理　亲本入池前，清除贝壳上的附着物和浮泥，按照 60～100 个/米^2 的标准播种在泥或沙的底质中。水泥池进行亲贝培育早期和中期每天上下午各换水 1 次，换水量为 50%；每隔 7～10 天翻洗底质 1 遍；后期性腺发育成熟时，尽量减少换水次数或不换水，避免因换水刺激导致亲本产卵。水泥池所换水体一般为配套的虾蟹鱼养殖池肥水，强化培养时可投喂硅藻、金藻、扁藻或小球藻等人工饵料，投喂量为使池内水位升高 10～20 厘米。土池进行亲贝培育早期要用豆浆（0.5～1 千克/亩泼洒）或生物制剂（按使用说明泼洒）进行肥水，使水体稳定呈现黄绿色或黄褐色；虾蛤混养开始后，虾投料位置应选择在培育平台以外，以免剩余饵料腐败覆盖，导致文蛤死亡。培育中期，虾蛤共存时早晚及投饵时开启增氧机，以免水体缺氧；后期性腺发育成熟时，尽量减少对角式开动增氧机，以免形成水流刺激亲本产卵。

（二）人工繁殖

文蛤"苏海红 1 号"在通风处或在空调房 16～18 ℃阴干 8 小时、流水刺激等方法进行催产，有时为了增强催产效果，也可用 0.015%氨水刺激 30 分钟后用新鲜沙滤海水冲洗干净置于产苗架上待产。受精卵孵化密度控制在10～15 个/毫升，受精卵一般在发育 12 小时后变成 D 形幼虫，发育 20～24 小时倒换新池一次，用 300 目筛绢网袋将 D 形幼虫从孵化池迁移到培育池中进行下一步培育。

（三）苗种培育

1. 幼虫培育

（1）投饵　D 形幼虫期前期投喂金藻为主，中后期可辅助投喂角毛藻或扁藻。前期投喂量为 1 万～5 万细胞/毫升，中后期投喂量视水体颜色和幼虫肠胃饱满程度而定。壳顶幼虫期达到 5 万～8 万细胞/毫升，以混合投喂为主，日投喂 3～4 次。投喂时应使用处于指数生长期的单胞藻饵料，忌使用衰败的饵料。

（2）换水和充气　每天换新鲜砂滤海水 1 次，日换水量 50%以上；浮游期至少倒池 1 次，一般选在壳顶幼虫期。池中连续微量充气，充气石布置密度为 1 个/米^2，保持水体中溶解氧在 5 毫克/升以上。

（3）密度　控制幼虫培育密度，D 形幼虫为 10～15 个/毫升，壳顶幼虫培育密度 5～10 个/毫升。

2. 稚贝培育

在饵料适口充足的条件下，水温在 26 ℃、28 ℃时 D 形幼虫完成变态发育、附着成为稚贝的时间分别为 7 天、5 天。

（1）附着基　在 D 形幼虫变态附着前两天完成稚贝培育池的准备。附着基一般选择黄泥，采用 200 目筛绢网袋按照 15～20 克/米^2 带水均匀洗到培育池内，自然沉淀；稚贝入池后开始全池曝气。随着稚贝规格逐渐增大，每 5～7 天倒池 1 次，新的培育池内随之适量增加附着基重量。

（2）培育密度　稚贝培育初期密度一般控制在 100 万粒/米^2 以内；随着稚贝的生长，逐渐降低培育密度。

（3）投饵　第一次倒池移苗前以金藻、角毛藻、扁藻为主，混合投喂最佳；投喂量视稚贝肠胃颜色和水体颜色而定。第三次倒池后以角毛藻、扁藻、金藻为主，适当投喂虾塘水；稚贝壳长达 1 毫米以上时，以虾塘水为主。

（4）换水　稚贝培育早期，每天换新鲜砂滤海水 1 次，日换水量 50%以上。稚贝壳长达 1 毫米以上时，主要是排出多少水即可换入多少虾塘水，此时也可移至室外水泥池或者土池进行大规格苗种培育。

（5）苗种运输　将运输的苗种冲洗干净，纯苗无杂质，用筛绢布包裹，泡沫箱密封运输，泡沫箱内放置 4～5 个 550 毫升冰瓶，6 小时内的存活率均较高。

三、健康养殖技术

（一）健康养殖（生态养殖）模式和配套技术

文蛤“苏海红 1 号”适合在我国沿海人工可控的海水水体中养殖，主要养殖方式有海水池塘与虾混养（包括脊尾白虾、日本对虾、南美白对虾等）、与海蜇混养、与虾蟹混养等。以下介绍文蛤“苏海红 1 号”与脊尾白虾混养模式。

（1）池塘准备　池塘面积一般在 10～15 亩为宜，长方形，中间深沟，四周平台结构；池深沟正常蓄水 3 米以上，同时保证平台水深 50～100 厘米。平台建 3～5 米贝埕，埕与埕之间间隔 60～80 厘米；平台面积占整个池塘面积的 20%左右。池塘设有进排水口，配置增氧机 1 台。

（2）池塘消毒　新塘在暴晒数天后即可使用；老塘需清淤、翻土、暴晒。池塘整理后，进水前用生石灰或漂白粉等进行消毒。生石灰用量为 50～75 千克/亩，用水化开后，立即全池泼洒；漂白粉（有效氯≥30%）用量为 6～20 千克/亩，制成悬浮液全池泼洒。消毒 10 天药性消失以后或在苗种播种前 15～20 天即可进水，进水口须用 80～100 目袖状筛绢网过滤，防止杂鱼杂虾混入池塘影响养殖效果。

（3）肥水与水质调控　进水后即开始培育基础生物饵料（如硅藻、金藻、褐藻、扁藻、绿藻等单细胞藻）。可以通过泼洒肥水宝等生物制剂、豆浆、发酵过的粪肥等进行肥水。肥水宝等生物制剂一般按照厂家说明泼洒，豆浆一般按照 0.5～1 千克/亩泼洒，发酵过的粪肥按照 80～150 千克/亩，调节水色使之呈现浅茶色或浅绿色。施肥时间在晴天早上或傍晚为宜，需开动增氧机使其溶解均匀。

（4）苗种放养　放苗前蓄水至平台以上 50 厘米。文蛤苗种放养应在每年 5 月上旬前完成，放苗时水体透明度应不低于 50 厘米。若放苗规格大于 5 毫米，按照 450～600 粒/米^2；若放苗规格大于 10 毫米，按照 250～400 粒/米^2。苗种少量拌些细沙可较容易均匀播撒在平台贝埕上。脊尾白虾种虾在端午前，即 6 月初按照 1.5～3 千克/亩投放，种虾既可选自海上也可选自养殖池塘，选种虾的标准是活力好、健康无菌，个头尽量大，一般在 1 千克 360 头以内为佳。

（5）养殖管理　定期测定养殖水体环境因子，并通过加换水等措施，使水环境符合要求。高温或者大暴雨前可通过提高水位来稳定养殖池下层海水的温度、盐度，暴雨过后应及时排掉上层低盐度海水，以防止温度、盐度骤变影响文蛤的正常生长甚至引起死亡。高温季节的早上或傍晚、在投喂虾料时应开启增氧机，特别是发现脊尾白虾浮头或频繁出现在池边，应延长开启增氧机的时间。定期观察文蛤的生长情况，文蛤 1 厘米以下，水体透明度控制在 50～60 厘米，1.5～2 厘米时水体透明度保持在 40～50 厘米，2.5 厘米以上透明度宜在 30～40 厘米。

（6）收获　脊尾白虾达 440～460 头/千克即可逐渐上市，一般选择元旦、春节期间采用虾笼起捕上市，最后一批尾虾在降低水位的情况下通过拉网全部起捕上市。在尾虾起捕前后，露出平台即可起捕文蛤上市，文蛤规格可达 4.5 厘米以上。

（二）主要病害防治方法

1. 弧菌病

【病因及症状】由溶血弧菌或弗尼斯弧菌等引起。症状为：文蛤跑出滩面，潜埋无力，停止摄食，严重时双壳开闭无力或张开死亡。剖开文蛤有较多水在体内，软体组织水肿，有淡红色或红色液体流出；斧足边缘缺或锯齿状，溃烂后软体组织变浅黑色。

【流行季节】一般发生在 6—9 月。

【防治方法】定期换水，改善池塘底质及水质；用生物制剂（如 EM 菌、光合细菌、芽孢杆菌等）调节水质；定期用二氧化氯 0.2 毫克/升全池泼洒消毒。

2. 寄生虫病

【病因及症状】由线虫、绦虫、凿女虫等引起。症状为：文蛤露出滩面不能入土，移动无力，剖开后可见肉体较小，肠胃无食，镜检可见虫体。

【流行季节】一年四季。

【防治方法】用驱虫精0.2毫克/升全池泼洒或鱼虫灭0.2毫克/升全池泼洒加沸石粉10千克/亩全池泼洒。

3. 红肉病

【病因及症状】由类立克体及病毒感染引起。症状为：文蛤摄食下降，运动能力迟缓，软体部为淡红色或橘红色等；患病文蛤组织上皮膨大、脱落，鳃、外套膜、消化盲囊、性腺等组织都表现出明显的病理学变化。

【流行季节】夏秋季节。

【防治方法】重在预防，养殖过程中要注意消毒和保持水质，可选择二氧化氯和季铵碘盐0.3毫克/升全池泼洒，有很好的预防效果。

四、育种和苗种供应单位

（一）育种单位

1. 江苏省海洋水产研究所

地址和邮编：江苏省南通市崇川区学田南路31号，226007

联系人：吴杨平

电话：0513-85228271

2. 江苏省渔业技术推广中心

地址和邮编：江苏省南京市鼓楼区汉中门大街302号，210036

联系人：姚国兴

电话：13806294800

3. 浙江万里学院

地址和邮编：浙江省宁波市钱湖南路8号，315100

联系人：董迎辉

电话：15067427669

4. 如东宋玲水产养殖有限公司

地址和邮编：江苏省南通市大豫镇兵房居委会新兴路2号，226400

联系人：周士辉

电话：15151333333

（二）苗种供应单位

江苏省文蛤良种场

地址和邮编：江苏省启东市吕四港镇鹤城北路与G328路口，226200

联系人：吴杨平
电话：19952628618

五、编写人员名单

陈爱华、吴杨平、姚国兴、张雨、曹奕、陈素华、张志东

皱纹盘鲍“福海 1 号”

一、品种概况

（一）培育背景

皱纹盘鲍隶属于软体动物门、腹足纲、原始腹足目、鲍科、鲍属。我国是世界第一养鲍大国，2022 年全国鲍养殖总产量 22.82 万吨，约占全球鲍养殖总产量的 90%，其中福建省鲍养殖产量达 18.15 万吨，占全国总产量的 79.54%，福建省已成为中国乃至世界的鲍主养区，全世界每十粒鲍中就有七粒产自福建，2022 年福建省鲍全产业链产值超过 200 亿元。鲍养殖产业已成为福建省增长速度较快、经济效益名列前茅的海水养殖支柱产业之一。

近年来，随着鲍养殖业的快速发展，养殖皱纹盘鲍因长期缺乏选育和制种不规范等导致生长慢、成活率低等问题日益突出。由于皱纹盘鲍是温带种，耐高温能力差，受其自身生活习性所限，在我国南方海区开展周年养殖时度夏存活率低，暴发性死亡现象频发，成为当前困扰鲍养殖产业发展的瓶颈之一。为此，厦门大学鲍育种课题组自 2003 年起，经过多年持续努力，以壳长和耐高温为选育性状，利用群体选育方法对皱纹盘鲍进行遗传改良。通过构建鲍种质资源库与育种平台，完善种质资源保存与维持技术，建立鲍耐高温性状测评新技术，开展遗传多样性检测以避免近交，经过连续 8 代选育获得了生长速度快、耐高温能力强的皱纹盘鲍“福海 1 号”新品种。

（二）育种过程

1. 亲本来源

2003 年 5 月从辽宁省大连市旅顺海区收集皱纹盘鲍野生群体，获得规格整齐、体质健壮、壳长大于 10.5 厘米、体重超过 120 克个体 1 200 粒，并于当年 11 月在福建繁育子代，形成基础选育群体。

2. 技术路线

皱纹盘鲍“福海 1 号”培育技术路线见图 1。

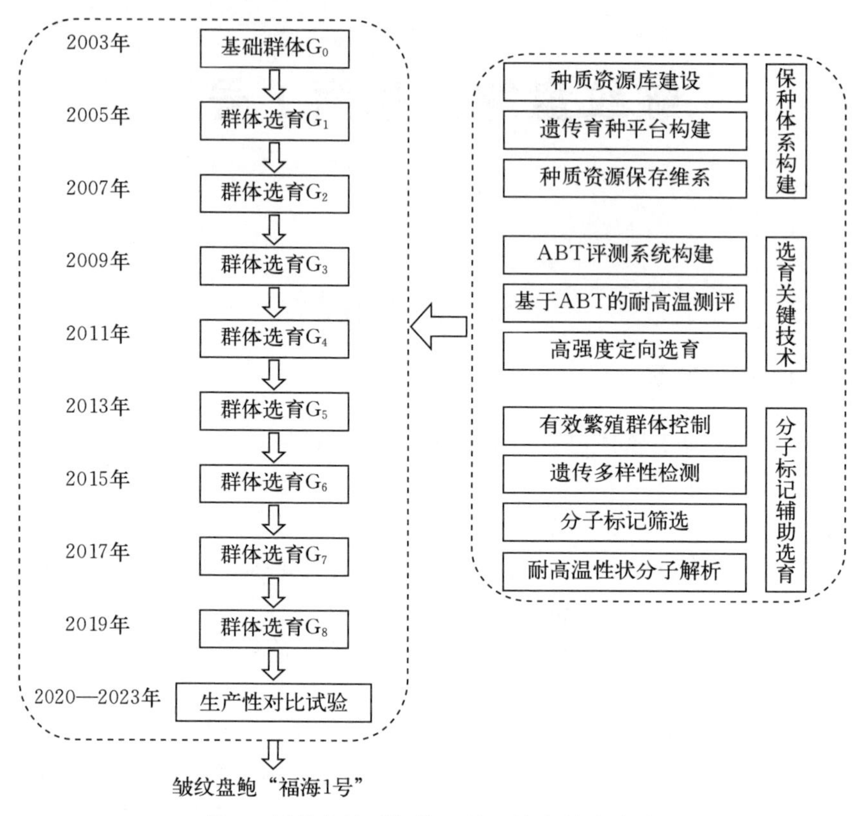

图1　皱纹盘鲍“福海1号”培育技术路线

3. 培（选）育过程

皱纹盘鲍“福海1号”是针对我国皱纹盘鲍养殖产业存在的生长缓慢、在南方海区度夏成活率低等问题，采用群体选育方法，以壳长和耐高温为主要选育目标性状，通过连续多代选育，培育出适于在南方海区进行周年养殖的生长快、耐高温的皱纹盘鲍新品种，以满足鲍养殖产业对速长、耐高温品种的需求。

2003年5月，从辽宁省大连市旅顺海区收集获得皱纹盘鲍野生群体，从中挑选体质健壮的个体于当年11月在福建繁育子代，形成基础选育群体（G_0）。2005年10月，从基础群体中，根据壳长大小以10%的选择压选出213粒壳长大的个体作为繁殖亲本开展第1代群体选育（G_1）。2007年10月从选育群体G_1中，根据壳长大小以10%的选择压选出255粒壳长大的个体作为繁殖亲本，开展第2代群体选育工作（G_2）。2009年10月从选育群体G_2中，根据壳长大小以10%的选择压选出246粒壳长最大的个体作为繁殖亲本，开展第3代群体选育工作（G_3）。

2011 年 3 月从选育群体 G_3 中，根据壳长大小以 10%的选择压选出壳长最大的个体作为备选亲本群体。在开展亲鲍促熟前，采用项目组自主研发的基于鲍心率测定的阿氏拐点温度（ABT）耐高温测评方法，对备选亲鲍进行快速、无损的耐高温能力测评，根据耐高温值以 10%的选择压选出 233 粒耐高温值高的个体作为繁殖亲本，用于繁育皱纹盘鲍 G_4 选育群体。2013 年 3 月从选育群体 G_4 中，首先根据壳长大小以 10%的选择压选出壳长最大的个体作为备选亲本群体。在开展亲鲍促熟前，对备选亲鲍进行耐高温能力测评，根据耐高温 ABT 值以 10%的选择压选出 213 粒耐高温值最高的个体作为繁殖亲本，用于繁育皱纹盘鲍 G_5 选育群体。2015 年 3 月从选育群体 G_5 中，根据壳长大小以 10%的选择压选出壳长最大的个体作为备选亲本群体。在开展亲鲍促熟前，对备选亲鲍进行耐高温能力测评，根据耐高温 ABT 值以 10%的选择压选出 206 粒耐高温值最高的个体作为繁殖亲本，用于繁育皱纹盘鲍 G_6 选育群体。2017 年 3 月从选育群体 G_6 中，根据壳长大小以 10%的选择压选出壳长最大的个体作为备选亲本群体。在开展亲鲍促熟前，对备选繁殖亲本进行耐高温能力测评，根据耐温 ABT 值以 10%的选择压选出 236 粒耐高温值最高的个体作为繁殖亲本，用于繁育皱纹盘鲍 G_7 选育群体。2019 年 3 月从选育群体 G_7 中，根据壳长大小以 10%的选择压选出壳长最大的个体作为备选亲本群体。在开展亲鲍促熟前，对备选繁殖亲本进行耐高温能力测评，根据耐高温值以 10%的选择压选出 217 粒耐高温值最高的个体作为繁殖亲本，用于繁育皱纹盘鲍 G_8 选育群体。

经过连续 8 代在福建对皱纹盘鲍开展群体选育，获得的皱纹盘鲍 G_8 选育群体具有生长快速、耐高温性强等优点，适宜在南方海区开展周年养殖，性状稳定，命名为皱纹盘鲍“福海 1 号”。

（三）品种特性和中试情况

1. 品种特性

皱纹盘鲍“福海 1 号”是以 2003 年从辽宁省大连市收集的皱纹盘鲍野生群体中挑选 1 200 粒为基础群体，以生长速度和耐高温为目标性状，采用群体选育技术，经连续 8 代选育而成。在相同养殖条件下，与未经选育的皱纹盘鲍相比，24 月龄鲍耐温上限提高 1.56 ℃、壳长平均提高 14.19%、体重平均提高 24.08%、养殖成活率平均提高 15.0%。适宜在我国沿海地区水温 12～29 ℃、盐度 28～33 的人工可控的海水水体中养殖。

2. 中试情况

2020—2023 年，在福建、广东等鲍主养区分别采用工厂化养殖和海区吊笼养殖方式进行连续两年生产性对比养殖试验，累计养殖皱纹盘鲍“福海 1

号”1 290 万粒。至收获时的生产性能测定结果表明，皱纹盘鲍“福海 1 号”壳长、体重和成活率比对照组（普通生产用种）分别平均提高 18.9%、27.26%和 17.21%，耐高温值提高 1.56 ℃。中试结果表明，皱纹盘鲍“福海 1 号”新品种生长速度快、高温耐受性强，增产效果明显，适合开展规模化推广应用。

二、人工繁殖技术

（一）亲本选择与培育

1. 亲本选择

亲本来源于晋江福大鲍鱼水产有限有限公司、福建闽锐宝海洋生物科技有限公司亲本养殖基地。选择壳长 8 厘米以上、个体重量达到 90 克以上、性腺发育成熟度高、体质健壮的雌鲍和雄鲍作为亲本。

2. 亲本培育

（1）培育环境　亲鲍一般采用室内水泥池培育方式，培育密度为每立方米水体 2～3 千克。在养殖条件下，性腺均能发育成熟。因此，在自然繁殖季节进行人工育苗，可直接从养殖池中获取亲鲍。若需提前育苗，则应进行促熟培育。

（2）饲养管理　供水量是亲鲍培育日常管理的重点，冬季日供水量应不少于培养水体量的 5～6 倍，初夏开始应达到 6～10 倍的供水量。饵料宜新鲜及多样化，江蓠属海藻可大致满足亲鲍的基本要求；以海带类为饵，其性腺常较丰满。可交互或混合使用。夏季保持每天清池换饵一次。每次投饵量掌握在亲鲍体重的 20%～30%，视残饵情况增减调节，每日摄食应高于自体重 5%才能保证性腺正常发育。冬季水温低于 20 ℃时，采取升温培育的办法，加速亲鲍性腺发育进程，水池加温用电热或锅炉均可。关键在于逐渐升温，即每隔 2～3 天升温 1～1.5 ℃，直至饲养水温稳定在 24～25 ℃。

（二）人工繁殖

1. 人工催产与授精

挑选性腺发育成熟的亲鲍，采用阴干、流水结合紫外线照射海水刺激方法进行催产。亲鲍雌雄比为 5∶1，分缸催产，通过多种催产方式的结合，确保雌雄同步排放配子。

在水温 20～22 ℃时，当产卵排精达到一定量时，便将卵子虹吸至授精盆，适宜授精的卵子浓度为 3.39×10^{5}～6.31×10^{6} 个/毫升，加入适量精液，轻搅拌，静置 20 分钟。人工授精完成后，待受精卵下沉，将表面水倒去，随后用育苗海水清洗受精卵3～4次，即可开始孵化。

2. 孵化

将受精卵移到孵化水槽里孵化，投放密度为10万～30万粒/米^2，水槽内微充气、微流水。12小时后，用趋光法收集上浮在水面的担轮幼虫，计数后移入育苗池。弃除未上浮的担轮幼虫。也可将受精卵计数后按生产需要量直接放入育苗池孵化。

（三）苗种培育

1. 培育环境

育苗池规格为3.0米×6.0米×1.0米，池壁厚20厘米左右，池底向排水口端倾斜，坡比1∶100。池底铺设充气装置，水池配有进、排水口，池顶搭盖黑色遮阴网。育苗海水经砂滤，盐度在28～33。

2. 底栖硅藻培育

（1）藻种筛选　鲍自匍匐幼体开始一般以底栖硅藻如卵形藻、舟形藻、菱形藻、耳形藻、双壁藻、双眉藻等藻类为食，藻种可从水池培养的薄膜或从自然海区中取得。在自然海区中可取浅滩表层的沙粒或其他片状基质、石块进行洗涤。分离主要靠过滤筛选，用500目筛绢过滤两次，筛除大型个体，将存在于滤液中的小型种类作藻种使用，均匀泼洒于水池。

（2）附着基　一般采用聚乙烯透明薄膜，规格为1米×1米，薄膜中间拴石坠入池中，消毒48小时后施肥，接种底栖硅藻。也可采用聚乙烯波纹板，规格为40厘米×35厘米，挂于池水中，密度60～80片/米^2。

（3）藻种培育　流水繁殖底栖硅藻，用遮阴网调节光照，水池池面光照强度控制在2 000～5 000勒克斯范围内。接入藻种前应投放营养盐，常按N 20毫克/升、P 2毫克/升、Si 2毫克/升、Fe 0.2毫克/升浓度投放。饵料藻生长呈较淡的茶褐色，密度减低时即应及时追肥，视情况追施全量或1/4～1/2数量。当发现出水口端附着基上硅藻色泽浓度与进水口端有差异时，即为缺营养盐。

3. 附着幼体培育

受精卵孵化后3～5天，浮游幼虫全部附着，可开始流水培育，调大充气量。匍匐幼体期，附苗密度以400～500只/米^{2}为宜；围口壳幼体及上足分化幼体期，密度以300～400只/米^{2}为宜。流水或循环水4～6倍，加强充气，溶解氧大于5毫克/升。幼苗在薄膜上以底栖硅藻为饵料。应定期补充营养盐培育藻类饵料，发现桡足类时可用0.5～0.7毫克/升晶体敌百虫浸杀，停流水8～10小时，及时除去老化底栖藻类，并倒池。

4. 稚鲍中间培育

（1）稚鲍剥离　当附着基上 80%鲍苗规格达到 3～5 毫米，即可转入中间培育阶段。常用方法有 2%酒精溶液浸泡法或手工刷洗法。

（2）放养方法及密度　剥离后的鲍苗放养于育苗池内，育苗池底部铺设 30 厘米×30 厘米的光滑水泥四脚砖，以平放或呈覆瓦状排列。刚剥离的稚鲍放养密度为 4 000～5 000 个/米^2；壳长 5～10 毫米的稚鲍放养密度为 3 000～4 000 个/米^2。当鲍苗壳长达 1 厘米左右，放养密度 2 000～3 000 个/米^2 为宜。

（3）饵料　中间培育以投喂人工配合饲料为主。人工配合饲料应符合 SC/T 2053—2006 的要求。壳长 3～5 毫米，放养密度 4 000～5 000 个/米^2 的情况下，每平方米初始投饵量 4～6 克；鲍壳长 5～10 毫米时，投饵量可控制在全池鲍苗总重量的 4%～5%；壳长 10～20 毫米时期，投饵量控制在鲍苗总重量的 1.5%～3%。投喂时间为 17:00—18:00。壳长>5 毫米的稚鲍也可投天然饵料，如红藻、石莼片、碎江蓠类等，投料量为鲍体重的 3%～5%。

（4）清池管理　每隔 1～2 天冲池一次，冲池时排干池水，冲干净池底污物、残饵等，并迅速加入清新海水。同时根据稚鲍摄食情况，适当调节人工饵料的投喂量。

5. 鲍苗出池及运输

鲍苗长到 1.5～2 厘米时可转入养成阶段，出池一般采用手工挑苗，或采用麻醉剥离，排干苗池水，用 2%的酒精溶液喷洒鲍苗，用软刷收集，同时进行初级分筛。

三、健康养殖技术

（一）健康养殖（生态养殖）模式和配套技术

1. 养殖条件要求

皱纹盘鲍“福海 1 号”具有耐高温能力强、养殖成活率高等优点，适宜在我国沿海地区水温 12～29 ℃、盐度 28～33 的人工可控的海水水体中养殖。根据其特点，适宜养殖区域为福建、广东、山东和辽宁等海区。鲍的养成有多种模式，其中以海区吊养和陆地工厂化集约式水泥池养殖两种模式最为普遍。

2. 主要养殖模式配套技术

（1）海区吊养

① 海区选择。养殖地址应选在内湾或风浪较小的海域，水源水质需符合《渔业水质标准》。养殖海区应不受工农业及生活污水的污染，受淡水影响小；潮流通畅，水质清澈。

② 养殖设施。

筏式吊养：该模式所用的筏架设备与网箱养鱼相似，由4根木板扎成一个(4～6米)×(4～6米）的框架，每个框架上横架6～10根竹条，每根竹条上挂8～10串。

延绳式吊养：延绳长度为80～100米，每两根延绳间距4～5米，延绳上每隔1～2米悬挂1个泡沫浮球，浮球下悬挂养鲍容器，吊养深度为80～200厘米，可根据季节及需要，调节吊养的水深，该方式抗风浪较强，适宜在风浪较大的海区使用。

③ 养殖容器。

养殖盆：直径为40～50厘米，高15～20厘米，盆中有一个直径约为20厘米的圆洞，用于投饵，在养殖盆外套10目网袋，防止鲍爬出。在投苗时，每个鲍养殖盆可养殖1.5～2厘米鲍苗80～100粒。

黑色聚乙烯塑料养殖箱：养殖箱孔径0.9厘米，放养壳长1.3厘米以上鲍苗。通常用塑料绳子将5只箱子捆成一串，养殖箱内鲍苗的放养密度根据壳长为30～50粒/箱。

④ 日常管理。

投喂：饵料以江蓠或海带为主，鲍生长旺盛时每3～7天投喂一次，其余时间7～15天投喂一次，投喂时间和投喂量根据季节、水温不同而调整。鲜活藻类缺乏时可投喂配合饵料或干海带、盐渍海带、盐渍裙带菜等。每次的投喂量可按鲍体重的1～2倍。配合饵料应符合SC/T 2053—2006的规定。

清洗网笼：结合投饵及时捡出死鲍。经常洗刷养殖容器污泥，疏通水流。

疏散密度：密度效应对于鲍的生长速度影响很大，应根据鲍的规格及时进行分苗，通常每年进行2～3次分苗。分苗的时间以冬季水温低于13℃为宜。

控制附着生物：在养殖过程中可采用人工摘除、高压水枪冲刷或更换容器等方法及时处理附着生物，也可采取混养甲虫螺、荔枝螺及改变养殖水层等方法控制其附着及生长。

（2）工厂化养殖

① 环境条件。

场地选择：海区不受工农业及生活污水的污染，受淡水影响小；潮流通畅，水质清澈，风浪较小；沙和沙砾底质，或岩礁，便于构筑提水工程。靠海处有大片平坦的土地可供布设陆上养殖设施；交通、通信和供电方便。

水源、水质：养殖用水经沉淀、多级过滤、生物净化处理，水源水质应符合GB 11607—1989的规定，盐度不低于26，温度不低于7℃，最高不超过32℃，pH 7.6～8.4，溶解氧大于5毫克/升。

② 养殖器材。养殖笼为黑色硬塑料制作，规格为0.40米×0.30米×0.12

米，前后和上下四面具孔，前面设活动门，供投苗、投饵、清除残饵及死鲍。每6～12笼用绳子绑成一串，并排整齐放置池中。每两排养殖笼中间隔40厘米的操作水沟，用于投饵。

③ 放养规格与密度。选择无损伤、活力好、健康的鲍苗，壳长通常为1.5～2.0厘米。鲍苗放养密度为20～30粒/笼。

④ 投饵。饵料以江蓠菜为主，日投放量为鲍体重的10%～20%。在适宜水温范围内，一般3～4天投饵一次，一次投足相应天数的饵料。在高温时，因饵料容易腐败，可适当缩短投饵周期。

⑤ 日常养殖管理。工厂化高密度集约养殖中不能断水、断气，每天必须维持池水体积4～6倍换水量。每分钟充气量为养殖池水体的1.0%～1.5%。排水投饵时应清除残饵、病鲍和死鲍，并用高速水流冲洗养殖笼及池底污物。每日观测水温、盐度，定期对鲍的生长及摄饵情况进行监测，发现异常情况，应及时进行处理。

(3) *成鲍的收获和运输* 陆地工厂化养殖的鲍平均每个养殖笼有25%以上，其他方式养殖的鲍平均有35%以上的个体壳长超过80毫米的，可作为成品鲍收获。收获时，可挑选壳长80毫米以上的鲍，其余的继续养殖。应使用挑鲍板剥离鲍，同时依据鲍的大小，划分不同的规格。

成品鲍的包装运输主要采用干运和湿运两种方法。干运：短途运输为主，塑料保温箱规格为50厘米×35厘米×40厘米，每箱容量15千克，保持鲍湿润并装入氧气袋，充氧，箱内温度控制在15℃以下。湿运：长途运输为主，每立方米水体可运输100千克，用氧气瓶供氧，充气量为1.5%～2.0%，运输温度控制在15～18℃。

（二）主要病害防治方法

贝类苗种繁育与养殖过程中极易受到温度变化、浮游生物以及水环境中细菌和病毒的影响，为避免养殖损失，针对不同养殖阶段要注意以下几个问题：

(1) 要选择活力强、健康且规格大的种贝进行苗种繁育。

(2) 育苗阶段严格控制养殖水质，对养殖环境、养殖设施进行严格消毒，饵料培育同样需进行严格消毒处理。

(3) 工厂化养殖时，放苗前，养殖池、养殖器材彻底消毒，严格控制养殖水质。

(4) 海区养殖时要选择环境友好、无外源污染的海区。

(5) 合理投喂优质饵料，避免外源细菌和病毒的影响。

(6) 分苗、倒笼等养殖管理过程中，避免粗放式操作，减少机械损伤对个体存活的影响。

四、育种和苗种供应单位

（一）育种单位

1. 厦门大学

地址和邮编：福建省厦门市翔安区厦门大学翔安校区周隆泉楼，361102

联系人：黄妙琴

电话：0592－2187420

2. 晋江福大鲍鱼水产有限公司

地址和邮编：福建省晋江市金井镇南江村，362251

联系人：王权

电话：0595－85338909

3. 福建闽锐宝海洋生物科技有限公司

地址和邮编：福建省厦门市翔安区新城中路华论南商大厦1405室，361102

联系人：曾剑雄

电话：0592－7296080

（二）苗种供应单位

1. 晋江福大鲍鱼水产有限公司

地址和邮编：福建省晋江市金井镇南江村，362251

联系人：王权

电话：0595－85338909

2. 福建闽锐宝海洋生物科技有限公司

地址和邮编：福建省厦门市翔安区新城中路华论南商大厦1405室，361102

联系人：曾剑雄

电话：0592－7296080

五、编写人员名单

柯才焕、骆轩、游伟伟、黄妙琴、陈业鑫等

缢蛏“甬乐 2 号”

一、品种概况

（一）培育背景

缢蛏俗称蛏子、青子等，分类学上属软体动物门、双壳纲、帘蛤目、竹蛏科、缢蛏属，是我国四大海水养殖贝类之一，广泛分布于我国南北沿海，尤其在浙江、福建两省的贝类养殖中占有相当重要的地位。缢蛏生长快、生产周期短，肉味鲜美、营养丰富、出肉率高，既能鲜食还能制成蛏干、蛏油，具有较高的经济价值。据统计，2023 年全国缢蛏养殖面积为 49 586 公顷，总产量达 85.07 万吨（数据来自《2024 中国渔业统计年鉴》），总产值 200 多亿元。

近年来随着池塘多营养层次综合养殖技术的推广应用，缢蛏主导养殖模式已由传统的开放滩涂养殖转变为与鱼虾池塘混合养殖，该模式进一步促进了缢蛏养殖产业的发展，但产生的饲料残饵和排泄粪便极易造成养殖底质氨氮积累，而缢蛏为底栖穴居型贝类，长期处于池塘底部氨氮胁迫环境中，会面临比其他动物更为严峻的高氨氮环境胁迫。高浓度氨氮容易导致缢蛏生长滞缓，抗逆能力下降，最终诱发死亡，严重阻碍了缢蛏养殖业的健康快速发展。已有的缢蛏国审新品种大多以生长和抗逆为目标性状，未见针对耐氨氮性状进行选育的品种。研究团队应用群体选择结合家系选育的方法，育成耐氨氮与生长性状表现优良的缢蛏新品种“甬乐 2 号”。

（二）育种过程

1. 亲本来源

2016 年 4—5 月，以 15.2 毫克/升的氨氮浓度对缢蛏“甬乐 1 号”选育系 40 000 粒幼贝进行氨氮胁迫并选出 8 000 粒耐氨氮幼贝，当年 9 月以 20%留种率从中筛选出 1 300 粒湿重大的个体构建“甬乐 2 号”育种基础群体。

2. 技术路线

缢蛏“甬乐 2 号”新品种培育技术路线见图 1。

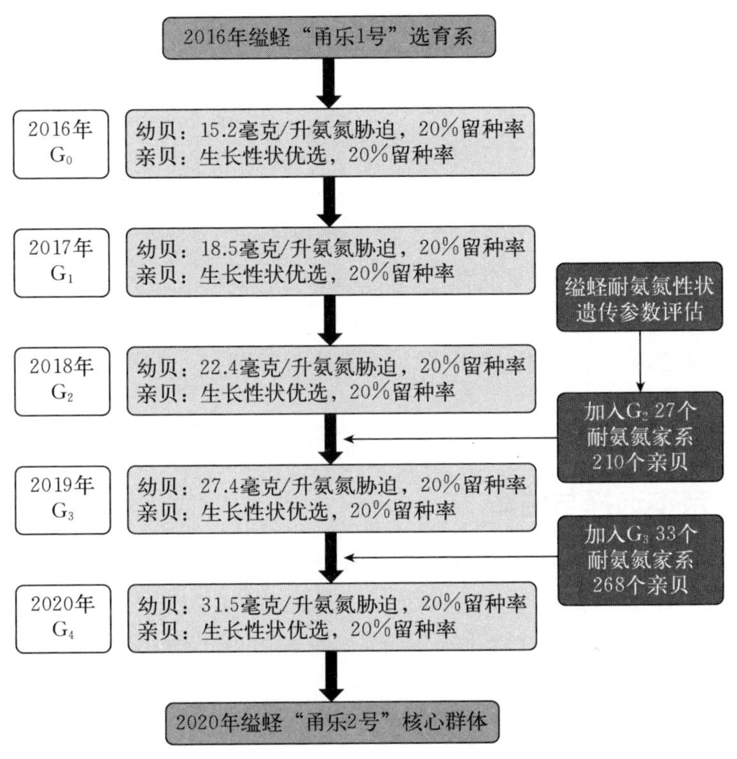

图 1　缢蛏“甬乐 2 号”培育技术路线

3. 培育过程

2016—2020 年采用闭锁群体内个体选育方法，结合家系选择育种策略，以氨氮耐受性强和生长速度快为标准进行选留。于幼贝期进行耐氨氮性状选择，用各选育世代氨氮半致死浓度胁迫 3 天，留种率为 20%，同时于亲贝期进行生长性状选择，留种率为 20%，另外向 G_3 和 G_4 群体加入氨氮耐受性强、个体大的家系进行辅助选育。经过 4 代选育，2020 年 9 月，由选育群体中优选 10 000 粒性状优良的亲本进行繁育，构建了缢蛏“甬乐 2 号”核心群体。

2020—2022 年，开展生产性对比试验，核心群体的遗传性状稳定，氨氮耐受性得到明显提高，选择反应非常明显，不同地区、不同年度对比试验表明“甬乐 2 号”比同期“甬乐 1 号”和野生群体氨氮耐受性和生长速度表现突出。

（三）品种特性和中试情况

1. 品种特性

缢蛏“甬乐 2 号”具有氨氮耐受性强、生长速度快的优点，在相同养殖条件下，与未经选育的缢蛏相比，14 月龄耐氨氮性状和生长性状分别提高 29.3%和 49.5%；与缢蛏“甬乐 1 号”相比，14 月龄耐氨氮性状和生长性状分别提高 28.4%和 13.8%。

2. 中试情况

2020—2022 年，在浙江台州养殖区 2 个试验点和广东湛江养殖区 2 个试验点，连续 2 年开展缢蛏“甬乐 2 号”与“甬乐 1 号”及未选育群体的生产性对比试验，累计试验面积 1 916 亩。试验结果表明，缢蛏“甬乐 2 号”耐氨氮性状比“甬乐 1 号”和野生群体平均提高 28.5%和 27.3%，生长性状较“甬乐 1 号”和野生群体平均提高 14.3%和 43.3%。缢蛏“甬乐 2 号”氨氮耐受性强、生长速度快，养殖优势明显，经济效益显著。

二、人工繁殖技术

（一）亲本选择与培育

缢蛏“甬乐 2 号”亲贝保存于浙江万里学院宁海海洋生物种业研究院等良种保存基地。在缢蛏自然繁殖季节前，选择“甬乐 2 号”1～2 龄贝作亲贝，要求父本和母本形态正常无畸形、壳长 6 厘米以上，壳表无损伤、无附着物、无寄生虫，抽检解剖性腺饱满，镜检精、卵发育整齐均匀。

（二）人工繁殖

缢蛏“甬乐 2 号”在浙江的自然繁殖季节在 9 月中旬到 10 月下旬，繁殖盛期在 9 月下旬到 10 月上旬。繁殖期内一般可多次产卵。

1. 亲贝催产

催产前将亲贝清洗干净并阴干 2～4 小时后，流水或充气刺激 2～3 小时，或者采取部分斧足注射五羟色胺的方式进行引产。亲贝一般在夜间产卵，产卵水温应在 20 ℃以上，盐度 10～15 为宜。

2. 幼虫孵化

产卵结束后，搅动水体并持续充气，捞除多余精子及亲贝排泄物凝结成的絮团。持续微充气进行幼虫孵化，孵化密度控制在 20～30 个/毫升。产卵池即为孵化池，若产卵量过大则需要分池孵化。正常情况下经过 8～12 小时，受精卵发育到 D 形幼虫，可用 25～48 微米筛绢网排水收集并清洗 D 形幼虫，然后将其移入育苗池培育。一般情况下，若亲贝性腺成熟度高，孵化率应达 90%以上。

（三）苗种培育

1. 幼虫培育

用缢蛏常规幼虫培育的方法进行培育，注意控制适宜的幼虫密度、充足的饵料和适当的光照。培养池一般大小为 30～50 米^2，可蓄水高度 1～1.5 米。

（1）幼虫培育最适水温 22～26 ℃，pH 7.8～8.5，盐度 12～15。

（2）控制幼虫培育密度，D形幼虫为 10～15 个/毫升，壳顶幼虫培育密度 5～10 个/毫升。

（3）培育期间每天换水 2 次，换水量 30%～50%。每 3～5 天换池一次。池中连续微量充气，充气石布置密度为 1 个/米^2，保持水体中溶解氧在 5 毫克/升以上。

（4）D形幼虫期投喂金藻、角毛藻等新鲜单细胞藻类为主，投喂量为确保水体中藻细胞为 1×10^4～5×10^4 细胞/毫升；壳顶幼虫期后可投喂扁藻，投喂量为 0.5×10^4～1×10^4 细胞/毫升。每天投喂 2 次，早晚各一次，均在换水后 1 小时内进行。

（5）每日用显微镜观察幼虫活力、肠胃等情况，并测量幼虫生长情况。监测育苗池水常规水质因子变化，做好相关记录。

2. 稚贝培育

当 1/3 幼虫个体出现眼点或伸出斧足时，用 200 目筛绢网将幼虫移至采苗池附着。采苗池底通常铺以消毒过的泥浆作为附着基，泥浆厚度约 1 毫米。在饵料生物适口充足条件下，水温 25 ℃时 D 形幼虫大约需要培育 7 天完成变态发育成为稚贝。结合采苗，对稚贝进行再次选优，留取先附着、活力强的稚贝，一般只保留投放附着基后 3～5 天内完成变态的个体。

（1）初期稚贝培育密度一般控制在 200 万粒/米^2 以内，随着稚贝的生长，逐渐降低培育密度，一般 5～10 天减低密度 50%。

（2）每日换水一次，日换水量 100%以上。每隔 4 天倒池一次。

（3）饵料以金藻、角毛藻、扁藻为主，混合投喂最佳。投喂量视稚贝肠胃颜色和水体颜色而定。

（4）每日观察稚贝活力、肠胃饱满程度，测量稚贝生长情况；监测水质常规因子，并做好日常记录。

3. 大规格苗种培育

当稚贝生长至 600 微米，摄食和代谢强度大大增加，应及时将稚贝转入室外滩涂或池塘进行中间培育。

（1）滩涂培育　培苗滩面表层软泥厚度以 5～10 厘米为佳，涂面须经翻耕、挖浅沟、整畦，蓄水至畦面 50～60 厘米。投放贝苗前，用 24～50 目网袋刮除螺类、蟹类等敌害生物。11 月下旬至 12 月上旬，苗种壳长 2～3 毫米时，放养密度为 4.5 万～9.0 万粒/米^2；12 月中旬至次年 1 月上旬，苗种壳长 3～5 毫米时，放养密度为 3.0 万～4.5 万粒/米^2。培育期间要经常检查贝苗的成活率和生长情况，定期耘苗，疏松涂质，抹平涂面，并做好水温、盐度、进排水、药物使用等日常工作记录。

（2）池塘流水集约化培育　平面流集约化培育（图 2）是通过提水装置将养殖池塘水体输送到蓄水装置，后者放水分流到每个平面水槽，使水流均匀流过置于平面水槽内的贝类苗种，然后由水槽另一端流出，最终流回养殖池塘，缢蛏以养殖池塘中的大量藻类和有机碎屑作为饵料来源，以流水产生的气体作为氧气来源，从而实现高密度集约化养殖。平面流水槽高度宜为 20～25 厘米，面积宜为 6～50 米^2，水流大小以保证平面流水槽 1 天更换 10 次以上流水量为宜。养殖对比试验结果显示，缢蛏“甬乐 2 号”单季产量能达到 11～16 千克/米^2，是传统滩涂中培模式的 10～15 倍。

图 2　缢蛏“甬乐 2 号”平面流中培生产示范基地

三、健康养殖技术

（一）健康养殖模式和配套技术

缢蛏“甬乐 2 号”适合在浙江、福建、广东、江苏、山东等沿海池塘和滩涂开展人工养殖，主要养殖模式为海水池塘养殖（包括单养和虾贝综合养殖），以池塘虾贝综合养殖最为普遍。

1. 池塘虾贝综合养殖模式

（1）放养前准备

① 环沟与埕面建设。根据池塘大小，在离堤 1～3 米处开挖宽 1～5 米、深 0.5～1 米的环沟。

在涂面上开挖深约 0.3 米、宽 4.0～4.5 米的平底沟，铺设 30 目左右聚乙烯或尼龙单丝网布后回填 0.4～0.5 米涂泥；埕面宽 3.5～4.0 米，两侧留宽 0.4～0.5 米、深 0.3 米的浅沟，埕面积一般为池塘面积的 25%～35%。将建好的埕面耙细、梳匀，使涂质细腻柔软后用网目 2.0～2.5 厘米聚乙烯结节网覆盖埕面和埕侧，再在网上覆盖薄泥2～3厘米。

② 安装防逃和滤水设施。在池塘进水前，安装好闸门滤网，并检查网框缝隙是否堵塞严密。进水网采用由聚乙烯网布制作的袖子网，排水网采用由聚乙烯网布制成的弧形围网，网目均为60目。

③ 进水和消毒。一般在3月前，首次进水至0.7～1.2米，淹过涂面，浸泡1～2天后将池水排出，再次进水淹过涂面0.2～0.4米，用漂白粉30毫克/千克或生石灰250毫克/千克进行池水消毒。

④ 池塘基础饵料培育。在播贝苗前7～10天，采用生物有机肥培育基础饵料，使水色呈黄绿色或黄褐色，透明度0.3～0.4米，并视水色情况适量注水或施追肥。

（2）苗种放养

① 苗种要求。缢蛏“甬乐2号”苗要求规格整齐、壳体完整、清洁干净，壳色玉白光鲜；有缢蛏苗种固有的清鲜气味，无异味；活力强、用手触碰蛏苗立即产生收缩反应。置于滩面很快伸足，钻入泥中，并尽量缩短中途运输时间。

虾类一般选择凡纳滨对虾、日本对虾或脊尾白虾。对虾苗要求体长0.9～1.0厘米，规格整齐，体表光洁，弹跳有力，健康无病，逆水游动力强，经检疫确定为优质苗种或SPF苗种。脊尾白虾苗可采捕野生抱卵虾放入池塘中，让其自繁获得。

② 放苗顺序与时间。通常先放缢蛏“甬乐2号”苗种，后放虾苗，根据池塘水温和生产安排，一般间隔15～30天。

缢蛏放苗时间为3月中旬至4月中旬，肥水后放苗。对虾苗宜在4月下旬至5月上旬放苗，脊尾白虾抱卵虾在7月中下旬放养，一般根据潮汐和生产进度确定具体放养时间。

③ 放苗密度。放养缢蛏苗规格3 000～5 000粒/千克，放养密度为300～500粒/米^2（实养面积密度），将贝苗均匀地播撒在埕面上，不要撒到环沟中；凡纳滨对虾放养30万～45万尾/公顷，日本对虾放养15万～22.5万尾/公顷，脊尾白虾抱卵亲虾7.5～15千克/公顷。

（3）养殖管理

① 水质调节。6月之前只加水，不换水，保持水深0.8～1米；6月，水温逐渐升高，水位添至1～1.2米后开始少量换水，一般每次换水10%～20%，保持透明度0.3～0.4米。7月水位添至1.2～1.5米，同时加大换水量，每次换水30%～40%，直至9月底。10月，要保持水环境稳定，换水量不宜过大，控制在20%以下。11月上旬换水量5%～10%。水温降至10℃以下后，基本不再换水，保持最高水位，蓄水保温；养殖期间不定期使用底质改

良剂和益生菌。

② 饲料投喂。缢蛏以滤食水中浮游生物、有机碎屑为生，无需单独投喂饲料。对虾放苗后以池中基础饵料为食，不需立即投喂，此后可根据水质或基础饵料情况适当投喂，一般放苗 3 周后每天投喂虾总体重的 5%～7%专用配合饲料，每天早上和傍晚各投喂 1 次。

③ 养殖记录。养殖期间每 7～10 天测定一次水温、盐度、pH、溶解氧、透明度等理化指标，同时观察虾贝的生长情况，判断生长是否正常。高温、汛期和收获季节每天测量。认真填写水产养殖日志，做好养殖、用药、销售“3项记录”。

④ 病害防治。在疫病流行期间，应采取预防措施，做到以防为主、防治结合；提倡采用生态防病技术控制疾病发生，使用微生态制剂调控养殖水环境。

2. 南北接力养殖模式

缢蛏生长和性腺发育对温度变化较为敏感，为典型积温成熟产卵型贝类。当前缢蛏苗种生产和中间培育环节主要分布于亚热带的浙江、福建地区，最早可在每年的 10—12 月向市场供应大规格苗种。而此时缢蛏苗种在北方（浙江、福建等主养区）进行中间培育或池塘养殖，海水温度会降至 10 ℃以下，待次年 3 月，温度才缓慢回升至 20 ℃以上，缢蛏在此阶段摄食率低、生长缓慢，需要经过一年的养殖才可上市。此外，缢蛏性腺繁殖的生物学零度是 20.8 ℃、平均有效积温为 806 度日，主养区尤其浙江宁波、台州一带，缢蛏性腺至每年的 9 月底 10 月初才发育成熟，而 10 月底水温一般会降至 20 ℃左右，也不利于缢蛏苗种的人工繁育。缢蛏在浙江、福建等主养区受冬季低温影响，商品规格苗种生长周期长、性腺发育较慢，是南北接力养殖模式开发的重要基础和依据。

南北接力养殖模式具体是将缢蛏于 12 月养殖于热带气候的广东地区，避开亚热带、温带主养区的越冬期，经过 2～3 个月的生长，于次年在北方主养区接力养殖。此种养殖模式下，缢蛏在南方可生长至壳长 4 厘米左右，再经过北方 1～2 个月的养殖，即可达到上市规格，相比于传统的养殖模式，该方法可将缢蛏生长期缩短近一年，大大提高了综合效益，同时也将缢蛏苗种繁育季节提前 1～2 个月，改善了苗种供应时间，打通本地良种亲贝赶不上育苗生产所需的痛点，促进了苗种市场的健康发展。

3. 底铺网养殖技术

底铺网养殖技术（图 3）是在缢蛏养殖埕面以下铺设筛绢网，铺设深度为 40 厘米左右，防止缢蛏钻泥太深，难以起捕。对比实验表明，铺网深度 35～40 厘米的池塘，缢蛏生长不受影响，采捕更加方便。缢蛏采捕率较无网养殖模式提高15%以上，采捕率高达95%。在收捕缢蛏中，铺网模式每人每天采捕150千克，而未铺网模式则采捕50千克，人工成本大幅下降。一次铺网可以使用4～5年，成本平摊之后每亩为2 000元左右。底铺网示范池塘缢蛏平均亩产1 500～2 000千克，采收成本下降50%。该养殖模式技术操作简单方便，投入成本低，具有广阔的推广前景，带动了缢蛏养殖产业革命性的转变，目前已在浙江省的宁波、台州、温州等地区广泛推广。

图3　缢蛏养殖池塘人工和机械底铺网技术操作

（二）主要病害防治方法

1. 点状坏死病

点状坏死病是一种细菌病，由一种未知杆菌感染而致。

（1）*主要症状*　在前期特征不甚明显，而到了后期快死亡的时候，缢蛏身上出现点状坏死组织，并在不断地扩散，解剖开会发现内部常常伴有大量的杆菌，消化腺为苍白色，外壳张开，逐渐死亡。

（2）*流行季节*　在缢蛏生长的各个阶段都可能发生，发生后死亡率极高。

（3）*防治方法*　暂时无特效药防治，只有以预防为主，加强对于水质和饵料的管理，保持水质的清洁和饵料的新鲜，发现病害后及时分离、销毁病蛏，立即对水质消毒灭菌处理。

2. 派金虫病

派金虫病是一种寄生虫病，由海水派金虫寄生而致，是缢蛏养殖最为严重的疾病之一。

（1）*主要症状*　发病时缢蛏生长缓慢或停止生长，逐渐消瘦，生殖腺的发育也受到阻碍，严重时壳张而死。

（2）*流行季节*　一年四季都可能发生，但在夏季和秋季高温时期的死亡率极高，春冬季节气温较低，即使发生，一般也不会造成死亡。

（3）*防治方法* 在养殖时要选择没有感染的蛏苗，在蛏子幼虫时要将固着物彻底清刷干净，而老蛏子要及时收获并淘汰，养殖密度不要过高，将其养殖在盐度较低的区域可在一定程度上抑制此病的发展。

四、育种和苗种供应单位

（一）育种单位

1. 浙江万里学院

地址和邮编：宁波市鄞州区钱湖南路8号，315100

联系人：董迎辉、林志华

电话：15067427560、15067427669

2. 浙江万里学院宁海海洋生物种业研究院

地址和邮编：宁波市宁海县一市镇缆头村，315604

联系人：徐洪强、孙长森

电话：15058484682、13666435008

3. 中国水产科学院黄海水产研究所

地址和邮编：山东省青岛市市南区南京路106号，266071

联系人：吴彪

电话：18953206830

（二）苗种供应单位

1. 宁波甬盛水产种业有限公司

地址和邮编：象山县泗洲头镇峙前村，315724

联系人：边平江

电话：13905773698

2. 温岭市龙王水产开发有限公司

地址和邮编：浙江省温岭市城南镇湾塘，317515

联系人：徐礼明

电话：13906566809

五、编写人员名单

董迎辉、林志华、徐洪强、孙长森、吴彪等

香港牡蛎"桂蚝1号"

一、品种概况

（一）培育背景

香港牡蛎，属软体动物门、双壳纲、珍珠贝目、牡蛎科、巨蛎属，原称"近江牡蛎"。作为我国牡蛎养殖的三大主导品种之一，香港牡蛎的年产量达到191万吨，占全国牡蛎总产量的28.67%。

香港牡蛎苗种主要依赖于钦州茅尾海天然采苗，但近年来，天然采苗场逐渐老化，苗种的数量和质量均出现显著下降，已无法满足产业快速发展的需求。为此，项目组率先建立了香港牡蛎规模化人工育苗技术，并实现产业化应用。然而，无论是天然海区苗种，还是人工繁育的苗种，亲本均来自未经遗传改良的野生群体。香港牡蛎野生群体苗种从育苗到养成收获需2～3年，养殖周期较长，且牡蛎规格不一，年产量低，整体养殖效益不高。速生优质苗种的缺乏成为制约香港牡蛎产业发展的瓶颈。

因此，建立香港牡蛎育种技术，选育快速生长的牡蛎良种，已成为推动香港牡蛎养殖业可持续发展的迫切要求。

（二）育种过程

1. 亲本来源

2014年9—10月，在广西茅尾海不同区域，共采集野生香港牡蛎5 800只，随机抽取100只作为对照组，选择570只体重最大且壳形规整的个体，构建选育基础群体。

2. 技术路线

香港牡蛎"桂蚝1号"培育技术路线见图1。

3. 培（选）育过程

自2015年，在广西壮族自治区水产科学研究院北海基地，以提高同等养殖条件下香港牡蛎的生长速度为选育目标，以体重为选育指标，通过家系选育技术开展了新品种的选育。选择体重排序前20%的家系作为核心选育家系，

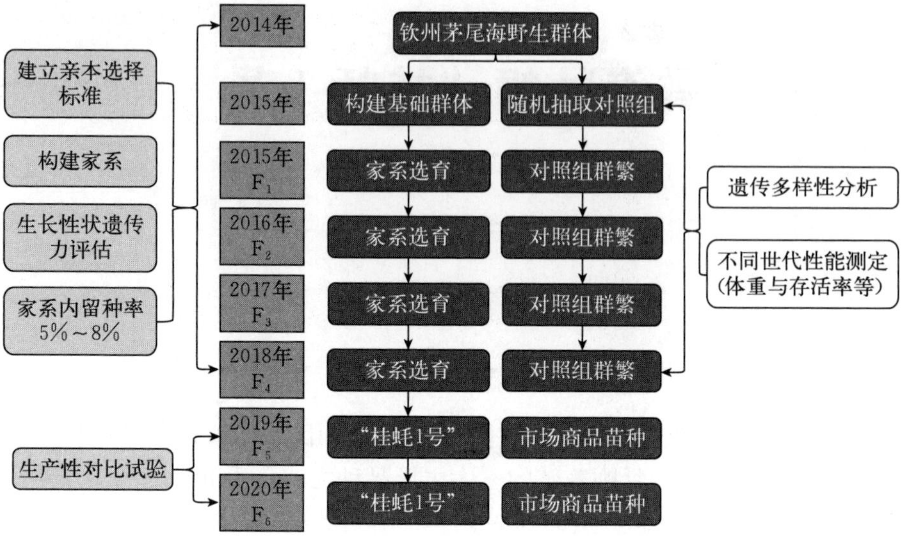

图 1　香港牡蛎"桂蚝 1 号"培育技术路线

从中上选体重大且壳形规则的个体作为亲本，开展下一世代的家系构建，家系内留种率为 5%～8%。

选育的具体过程如下：

（1）2015 年，进行第 1 代速生家系选育　以选育基础群体为亲本，通过一对一人工授精，建立家系。F_1 共构建全同胞家系 115 个，同期繁育对照组群体。分别标记各选育家系和对照群体，置于同一海区进行中间培育和养成。F_1 共育成家系 107 个，养成家系成贝 6.14 万只，对照组成贝 4.75 万只。

（2）2016 年，进行第 2 代速生家系选育　以 F_1 选留个体为亲本，构建 F_2 全同胞家系 122 个。从 F_1 对照组中随机抽取 100 只为亲本，同期繁育对照组群体。F_2 共育成 104 个家系，养成家系成贝 6.96 万只，对照组成贝 4.32 万只。

（3）2017 年，进行第 3 代速生家系选育　以 F_2 选留个体为亲本，构建 F_3 全同胞家系 135 个。从 F_2 对照组中随机抽取 100 只为亲本，同期繁育对照组群体。F_3 共育成 122 个家系，养成家系成贝 7.90 万只，对照组成贝 4.37 万只。

（4）2018 年，进行第 4 代速生家系选育　以 F_3 选留个体为亲本，构建 F_4 全同胞家系 129 个。从 F_3 对照组中随机抽取 100 只为亲本，同期繁育对照组群体。F_4 共育成 121 个家系，养成家系成贝 8.42 万只，对照组成贝 4.61 万只。

（三）品种特性和中试情况

1. 品种特性

在相同养殖条件下，与未经选育的香港牡蛎相比，2 龄体重提高 26.73%。

适宜在广西、广东等地水温 12～32 ℃和盐度 9～28 的人工可控的海水水体中养殖。

2. 中试情况

2019—2023 年，在广西钦州、北海及广东湛江等海域开展了连续两代生产性对比试验，累计试验面积 1 920 亩。在相同养殖条件下，收获期（2 龄）“桂蚝 1 号”的体重比对照组提高 26.74%～32.88%，存活率比对照组提高 14.48%～18.94%，表现出显著的生产优势；“桂蚝 1 号”亩产量较对照组平均提高 1 750 千克，亩产值提高 9 500 元，取得了良好的经济效益。

二、人工繁殖技术

（一）亲本选择与培育

1. 亲本选择

香港牡蛎“桂蚝 1 号”亲贝保存在广西北海香港牡蛎良种场。亲贝为经选育的性状优良、遗传稳定、适合扩繁推广的群体。香港牡蛎“桂蚝 1 号”父本和母本应符合以下要求：壳高≥65.00 毫米，体重≥50.00 克，0.50≤壳形指数≤0.67（壳形指数=壳长/壳高）。

2. 亲本培育

（1）培育环境　亲贝经洗刷，除去污物和附着物后，采用网笼、塑料筐或浮动网箱蓄养。培育期间，盐度 15～20，水温 25～30 ℃。

（2）饲养管理　饵料以硅藻类为主，日投喂藻类细胞量为 50.0×10^4～80.0×10^4 细胞/毫升，分 3～4 次投喂，辅助投喂金藻、扁藻、螺旋藻粉和鸡蛋黄等，根据摄食情况调整投饵量。培育期间，早晚各换水 1 次，每次换水量 1/3～1/2，2～3 天倒池 1 次。定期取样测量肥满度，并镜检精、卵发育情况。

（二）人工繁殖

亲贝清洗后解剖，选择生殖腺饱满的个体，镜检确定雌雄，剔除掉雌雄同体个体，雌雄个体分别放置。挤出卵子后，用 200 目筛绢网过滤，使之呈悬液状。卵子激活 20 分钟后，刮取精子，并用 300 目筛绢网过滤。取精卵过程中严格防止污染。

待卵细胞激活 30～40 分钟，加入精液，搅拌 3～5 分钟。卵细胞受精后，移入孵化池，孵化池为 30～50 米^2 的室内水泥池，水深 1.2～1.8 米。孵化密度 30～50 个/毫升。孵化水温 28～30 ℃，盐度 15～20。孵化期间调小充气量，并捞取水面泡沫。受精卵孵化 18～24 小时可发育至 D 形幼虫。

(三)苗种培育

1. 幼虫培育

受精卵发育至D形幼虫后,停气进行选优,用400目的筛网收集活力好的D形幼虫,并移入幼虫培育池。

根据幼虫生长阶段适时调整培育密度,壳高<120微米的早期幼虫密度为3~5个/毫升;壳高120~150微米的幼虫密度为2~3个/毫升;壳高150~200微米的幼虫密度1~2个/毫升;当幼虫壳高达250~300微米时,密度调整为0.5~1个/毫升。

D形幼虫阶段,主要投喂金藻,幼虫壳高150微米时,可投喂角毛藻和扁藻等。前期保持水体单胞藻饵料密度 $1\times10^4\sim2\times10^4$ 细胞/毫升(以金藻为例),随着幼虫生长,饵料投喂量逐渐增加,后期保持在 $2\times10^4\sim5\times10^4$ 细胞/毫升。

D形幼虫入池1~2天内逐日加水,第3天起用400目筛绢网换水,每日换水量为壳顶前期(壳高小于140微米)1/3、壳顶中期(壳高140~230微米)1/2~3/5、壳顶后期(壳高230~280微米)3/5、眼点幼虫期(280~340微米)全池换水。每隔3~5天倒池一次。幼虫培育期间,水温28~30℃,盐度15~20。

2. 稚贝培育

当幼虫壳高生长至300~320微米、眼点幼虫比例达30%以上时,对幼虫进行筛选,将筛选获得的眼点幼虫移入已投放采苗器的水池中。眼点幼虫布放密度为0.5~1.0个/毫升,每立方米水体垂直吊放采苗串30~40捆。附苗池光照小于500勒克斯,附苗初期微充气,眼点幼虫固着24小时后加大充气量。附苗前期饵料投喂密度为 $10.0\times10^4\sim20.0\times10^4$ 细胞/毫升,稚贝期可增加投饵量。附苗完成后5~10天,当贝苗附着量达到150~200粒/串、壳高≥1.0毫米时,即可出池。

三、健康养殖技术

(一)健康养殖(生态养殖)模式和配套技术

香港牡蛎"桂蚝1号"养殖方式包括浮排养殖、沉排养殖及插桩养殖等,以浮排养殖为主,主要采用基于盐度的分段式养殖模式。

1. 中间培育

应选择风浪较小、低潮水深大于4米、潮流通畅、饵料丰富的高盐海区(每日最高潮盐度值≥28,最低潮盐度值≥20),饵料丰度为 $15\times10^4\sim40\times10^4$

细胞/升，远离工业、农业污染源。

放苗时间为6—8月，放苗密度为80串/米^2，上方第一个采苗器在水下20～40厘米。苗种生长到3～4厘米，分开单串养殖，养殖密度10串/米^2。

2. 保苗

在高盐海区养殖至次年1月，应转移至低盐海区保苗（每日最高潮盐度值<20，最低潮盐度值≤9）。苗种运输可选择干运或在海区连同蚝排一起拖移。应选择阴天多云天气或夜晚进行运输，避免因太阳照晒温度过高造成蚝苗干死。保苗场地选择在河口附近内湾性低盐海区，要求水流通畅，且无急流。挂苗密度为8捆/米^2。保苗至5月底，宜移至高盐海区养成及育肥。

3. 养成及育肥

选择水质肥沃、饵料丰富的高盐海区，饵料丰度为15×10^4～40×10^4细胞/升（可选择中间培育场地），远离工业、农业污染源。苗种单串挂养，挂苗密度为4～6串/米^2。经过5～6个月达到收获标准，即可采收上市。

（二）主要病害防治方法

（1）*敌害防治* 牡蛎养殖常见的敌害生物包括藤壶和才女虫等，在投苗时，应避开藤壶附着高峰期，以缓解其对饵料和附着基的竞争。才女虫的防治措施包括：①避开浮泥较多的海域开展牡蛎养殖；②采用淡水及茶麸浸泡。

（2）*养殖管理* 每周出海检查蚝排，防止出现苗串断绳或下沉触底；养殖海区安装自动监测设备，实时监测水质变化；关注春季大雾和夏季台风预报，及时做好应对措施，以减少损失。

（3）*应急处理* 当毗连或养殖海区发生赤潮、溢油或其他污染事件时，应及时采取措施，避免牡蛎受到污染。

四、育种和苗种供应单位

（一）育种单位

广西壮族自治区水产科学研究院

地址和邮编：广西壮族自治区南宁市青山路8号，530021

联系人：彭金霞

电话：15296542850

（二）苗种供应单位

广西北海香港牡蛎良种场

地址和邮编：广西北海市银海区海洋产业园区创新三路，536000

联系人：彭金霞
电话：15296542850

五、编写人员名单

彭金霞、张兴志、江林源、官俊良、韦嫔媛、何萍苹、张立、陈泳先

扇贝“橙黄1号”

一、品种概况

（一）培育背景

扇贝“橙黄1号”属珍珠贝目、珍珠贝亚目、扇贝科、海湾扇贝属，贝壳外表呈橙黄色、扇面状，两个贝壳表面有均匀的放射肋，数目为18～23条，具前后耳，前耳有狭窄足丝孔（图1）。贝壳内面呈磁白色稍带粉红色；闭壳肌圆柱状，位于贝壳偏后端，被镰刀形鳃瓣所环绕，生殖腺紧贴闭壳肌前端，半抱闭壳肌，外套膜简单型，上具外套触手和外套眼；雌雄同体，精巢乳白色，位于生殖腺外周缘，卵巢砖红色，位于精巢内侧（图2）；体细胞染色体数 $2n=32$，臂数 NF＝34；核型公式2 sm＋15 t。

图1　外部形态

图2　内部构造

新品种的研发源于北部湾墨西哥湾扇贝养殖业遭受种质退化的严重影响。墨西哥湾扇贝在北部湾养殖面积超10万亩，养殖产值达2.7亿元，产业链总产值8.77亿元，是北部湾贝类养殖的重要支柱。但由于累代近亲繁殖，出现存活率低、生长缓慢、收获时个体偏小、闭壳肌小等种质退化问题，导致养殖效益严重滑坡。为推动扇贝养殖业健康可持续发展，对墨西哥湾扇贝种质进行改良势在必行。

新品种扇贝“橙黄 1 号”的诞生，解决了南方传统养殖品种墨西哥湾扇贝种质退化的问题，其生长速度提高 14.8%，养殖产量提高 45.8%，存活率提高 40.3%。

（二）育种过程

1. 亲本来源

新品种亲本来自两个品种杂交获得的子一代构建的繁育基础群 F_0，新品种通过对 F_0 进行 6 代选育纯化获得，属于通过“杂交育成”获得的“选育种”。用于“育成杂交”的两个杂交亲本（图 3）为：（1）墨西哥湾扇贝（待改良品种），来自未经选育养殖群体，2016 年按 5%留种率上选壳长最大个体，数量 1 000 个。该品种雌雄同体，贝壳表面一边黑色一边白色，96 小时半致死高温 32.5 ℃，适合南方海域养殖，1991 年由张福绥院士从美国引进，在雷州半岛北部湾养殖至今。（2）扇贝“渤海红”（改良品种），2016 年从山东青岛引进，数量 1 000 个，由发明人提供。该品种雌雄同体，贝壳表面两边均为橙紫色，96 小时半致死高温 29.0 ℃，不适合南方海域养殖。该品种 2015 年通过国审，为通过“杂交育成”获得的“选育种”（登记号：GS－01－003－2015）。

图 3　用于“育成杂交”的杂交亲本

2. 技术路线

扇贝“橙黄 1 号”培育技术路线见图 4。

3. 培（选）育过程

育种指标为壳色和生长速度。通过对杂种一代进行 6 代继代选育，培育出以橙黄壳色为形态标记、比墨西哥湾扇贝生长速度提高 15%以上、适应南方海域养殖的新品种。

（1）混交群体培育

① 亲本引进与促熟。2016 年 12 月 10 日，从青岛引进扇贝“渤海红”亲

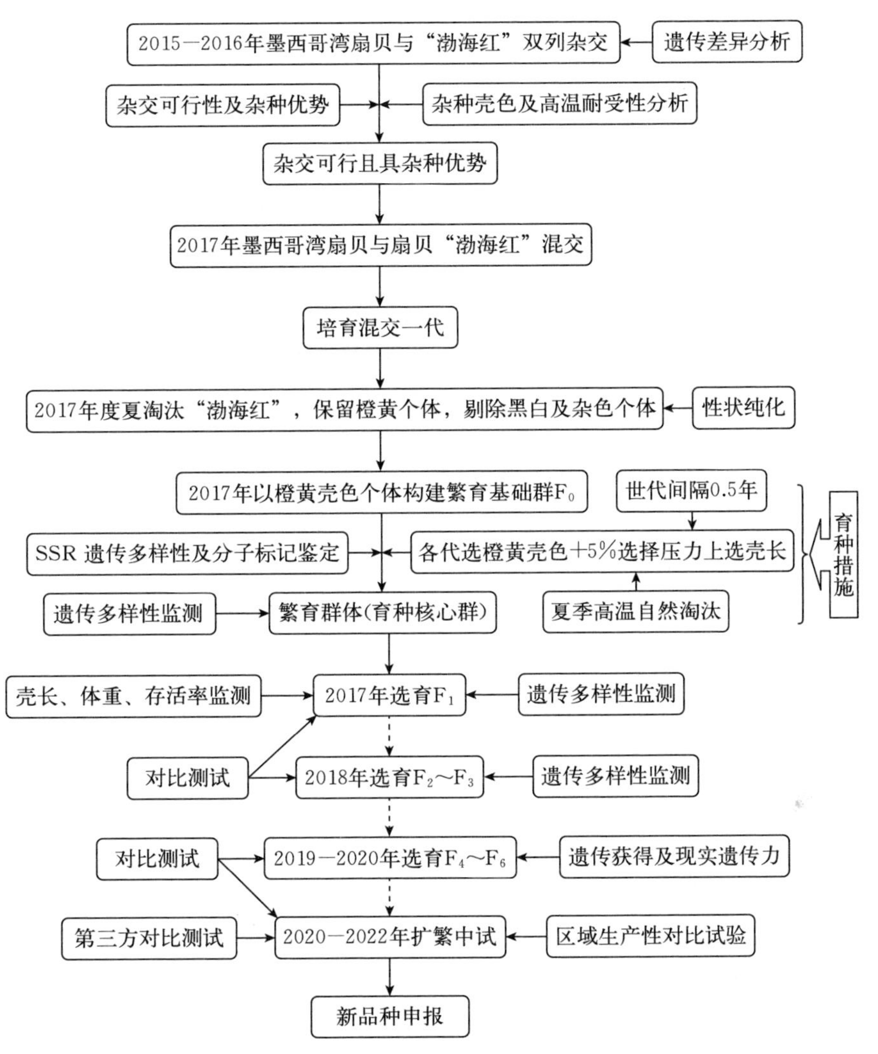

图4　扇贝“橙黄1号”培育技术路线

本（记为B）1 000个［共计49.7千克，20个/千克，平均体重（49.67±5.55）克/个，壳长（69.68±5.83）毫米］，保存在雷州半岛北部湾养殖且经过5%壳长上选的墨西哥湾扇贝群体亲本（记为M）1 000个［共计36.4千克，27.4个/千克，体重（36.38±4.80）克/个，壳长（63.30±3.28）毫米］，进行同池促熟。

② 催产和混交受精。2017年2月15日，两个品种性腺成熟，进行同池混合受精，获得受精卵3.42亿粒。

③ 育苗和混交种苗中培。2017 年 3 月 15 日，D 形幼虫经过 27 天的培育成为种苗，壳长 1～2 毫米，当天 10:00 出苗，于雷州半岛西海岸覃斗镇英岭村海域，进行常规度夏养殖。该批稚贝为包含 BB、MM、BM、MB 四种组合的混交群体，出现紫色、橙黄色、黑白色、各种杂色等壳色，之后通过度夏和剔除黑白壳色获得橙黄壳色杂交后代（包含 BM、MB）。

④ 混交种苗养成，壳色、生长与存活观察。9 月 15 日，存活率 40.8%，平均壳长 4 厘米。统计壳色，其中：橙紫色 5%，橙黄色 31%，杂色 27%，黑白色 37%。

（2）繁育基础群 F_0 构建　10 月 1 日，杂种一代壳长部分达到 5 厘米以上，而且部分个体性腺基本成熟，当天即通过橙黄壳色选择（包含 BM、MB）构建繁育基础群 F_0。

（3）F_1→F_6 群体继代选育及对比试验　选育方法：每代首选橙黄壳色个体，并在其中按 5%留种率上选壳长最大个体繁育，世代间隔 0.5 年。选育过程：F_0、F_2、F_4、F_6 经过北部湾夏季高温考验，不适高温个体被逐渐淘汰。2020 年 3 月选育繁育 F_6，结果：F_6 橙黄壳色纯化率达到 94.1%，壳长、壳高、壳宽、体质量、闭壳肌质量和存活率分别比墨西哥湾扇贝提高 22.32%、22.01%、13.45%、51.23%、41.25%和 60.4%。

（三）品种特性和中试情况

1. 品种特性

该品种是以 2017 年两个品种杂交（雷州养殖墨西哥湾扇贝有效繁育群体 300 个×青岛扇贝“渤海红”有效繁育群体 300 个）一代中的 62 000 个橙黄色外壳个体为基础群，以橙黄壳色和生长速度为目标性状，采用群体选育技术，经过连续 6 代选育而成。在相同养殖条件下，与壳色全部为黑白的待改良品种墨西哥湾扇贝相比，5.5 月龄的商品贝，占比 94.2%的个体具有橙黄色外壳，壳长提高 14.84%，体重提高 45.8%。适宜在南方海域扇贝主产区人工可控的海水水体中养殖。

2. 中试情况

经广东、福建等单位 2020—2022 年连续两个年度生产性对比试验，选育系养殖 5.5 个月，壳长、体重、软体部重、闭壳肌重和存活率分别达到 55.6～70.4 毫米、31.1～54.5 克、14.9～24.4 克、4.0～7.0 克和 68.0%～78.0%，比对照组墨西哥湾扇贝分别提高了 14.9%～18.6%、45.8%～74.7%、45.4%～76.1%、46.2%～68.7%和 40.3%～59.8%，选育系橙黄壳色和经济性状遗传稳定，生长速度快，个头大，成活率高，养殖周期仅 5～6 个月，比墨西哥湾扇贝缩短 2 个月，养殖产量提高 45.8%～74.7%。选育系在中试期间取得了显著的增收效果和良好的经济效益，具备进一步大规模推广养殖的价值。

二、人工繁殖技术

（一）亲本选择与培育

1. 亲本选择

扇贝“橙黄1号”亲贝（图5）保存在特定的良种保存基地，为经过多代选育的壳色橙黄、性状优良、遗传稳定、适合规模扩繁推广的群体。扇贝“橙黄1号”为雌雄同体，两性同时成熟，精巢乳白色，位于生殖腺外周缘；卵巢砖红色，位于精巢内侧。亲本应符合以下要求：贝龄5～12月龄，贝壳呈规则扇形，两个壳面均为橙黄色，壳长≥ 62.0毫米，体重≥36克。

图5 扇贝“橙黄1号”留种亲本

2. 亲本培育

（1）培育环境 亲本培育可采用两个途径，不同途径，培育环境不同。亲本选择后的促熟培育，一是利用自然海区，二是利用育苗场室内水泥池。前者要求海区水温23～29℃，盐度25～35，潮流畅通，水质清新，饵料丰富，亲本采用扇贝养成网笼吊挂；后者要求水泥池内过滤海水温度、盐度同前者，通过充氧，保证溶解氧≥6.0毫克/升，池内设置悬浮式塑料筐培育亲本，人工提供各种单胞藻饵料。

（2）饲养管理 利用自然海区培育促熟的亲本，采用扇贝养成笼吊养，培育密度按25个/层（笼盘直径31厘米）为宜，定期检查性腺成熟度，肉眼观察，当性腺饱满、表面黑膜基本消失、雌区呈砖红色、雄区呈乳白色时，性腺即达 100%成熟，应取回室内进行催产育苗。利用育苗场室内水泥池促熟的亲本，培育密度按 60 个/米^3 水体为宜，池内设置悬浮式塑料筐培育亲本，自然水温培育，人工提供各种单胞藻及虾塘藻，每天分 4 次投喂，投喂量以 6 小时吃完为度，每天换水 2 次，每次 50%，接近成熟时，换水过程发现性腺有排放迹象，应及时进入催产环节。培育过程全天充气，定期检查性腺成熟度，肉眼观察达到 100%成熟时及时催产育苗。

（二）人工繁殖

洗刷亲本外表，用 10 毫克/升高锰酸钾海水溶液消毒，再用砂滤海水冲洗干净。处理好的亲贝悬挂室内阴干 20～30 分钟后，放于室内水深 1.2～1.5 米的孵化池，池水微波状充气。亲本在 23～29 ℃的过滤海水中约经过 30 分钟，即排精产卵。由于该品种为雌雄同体，精子排放不可控，因此，若不考虑洗卵，且在原池培育幼虫，为防止精子过量，必须控制产卵密度为 2～3 个/毫升；若考虑洗卵，且分池培育，则产卵密度可达到 30～50 个/毫升，待密度达到后将亲本移出另池继续排放，原池停止充气，进行洗卵以去除多余精子。停气后约 1 小时，卵子基本下沉至池底，即虹吸排去 2/3 上层水体，加回干净过滤海水进行洗卵，此过程反复 2～3 次，在胚胎转动上浮之前完成。受精卵在 23 ℃以上水温孵化，微波状充气。受精卵经 20～24 小时孵化形成 D 形幼虫，即停止充气，促进健康幼虫上浮，再用 300 目筛网反复捞取表层健康 D 形幼虫，按2～3 个/毫升的密度移入培育池中，进行封闭式幼虫培育。

（三）苗种培育

1. 幼虫培育

D 形幼虫经过 1 天发育，消化道打通，即可投喂金藻，浓度 1 万～2 万细胞/毫升，每天分 2～4 次投喂；随着幼虫生长，可增加投喂角毛藻、扁藻和小新月菱形藻等微藻，混合投喂，效果更佳，投饵量要及时调节。为了控制水质，投苗前施加一次 EM 菌，育苗过程不换水，微波状充气，每 3～4 天适量添加一次 EM 菌。通过控制水质、幼虫密度、投饵量，育苗期间不换水，实施封闭育苗法，以应对南方海域水环境。

幼虫壳长达 200～210 微米时长出眼点，当眼点幼虫比例达 30%左右时，即投放附着基。附着基采用由直径为 0.6 厘米棕绳编成的棕帘（长 50 厘米×宽 40 厘米）或聚乙烯网片（15 厘米×60 厘米或 40 厘米×70 厘米）；也可采用聚乙烯塑料板串（板规格 30 厘米×30 厘米，板距 10～15 厘米）。棕帘经过反复蒸煮捶打漂净后，用0.05%～0.1%的氢氧化钠溶液或0.2%的漂白粉溶液浸泡24小时，洗净待用；塑料板附着基用50毫克/升高锰酸钾消毒30分钟，再用砂滤海水冲洗干净待用。棕绳附着基，投放量为每立方米水体200～300米；15厘米×60厘米的聚乙烯网片，每立方米水体30～40网片；塑料板附着基每平方米4串。

2. 稚贝培育

幼虫附着完毕，变态成为稚贝，日投喂单胞藻饵料密度按金藻、角毛藻和三角褐指藻等为5万～10万细胞/毫升，或扁藻2万～3万细胞/毫升，分2～3次投喂，并根据附着密度加以调节；附着完后10天，充气量调整为微沸腾状，可开始投喂优质虾塘复合单胞藻，促进稚贝生长。当稚贝壳长达到1毫米时，成为商品贝苗，即结束育苗工作，进入海上中培阶段。

三、健康养殖技术

（一）健康养殖（生态养殖）模式和配套技术

1. 养殖环境要求

养殖场地应选择远离河口、水清流缓、无大风浪、饵料丰富、涨平潮时水深10～25米的中近海养殖区，水温8～32℃，盐度25～35，透明度≥1.0米。养殖水层距海面1～2米，夏季下沉至距水面2～4米。

2. 养殖模式

养殖模式为浮子延绳筏网笼吊养，延绳筏由直径18～20毫米的聚乙烯浮绳和橛缆、直径31厘米或其他形式浮球和锚定木桩等组成，延绳筏方向与潮流成45°角。筏架有效长度60～100米，筏间距8～10米。每筏挂31厘米直径浮球80个，网笼100个，每个网笼10层，底盘直径31厘米，网孔2.5厘米。吊养深度为2～4米。

3. 贝苗一级中培

稚贝在育苗池中经过20～30天培育，壳高达到1毫米时，便可装入60～80目的网袋，移到海上进行贝苗一级中培。中培过程随着生长，将贝苗逐渐分疏到40目、20目网袋，直到培育成壳长达到10毫米左右的贝苗。

4. 贝苗二级中培

贝苗壳长平均10毫米时，筛分为5～10毫米和10～15毫米两种规格。前者移入孔径为4毫米的中培网笼继续中培，密度为480粒/层，达到壳长10～15毫米后，分疏同后者操作；后者移入孔径为8毫米的网笼继续中培，密度为240粒/层。当贝苗壳长达到15～20毫米时，分疏进入孔径为12毫米的网笼继续中培，密度为120粒/层。当贝苗壳长达到30毫米以上，即结束中培，进入养成。

5. 养成及收获

养殖密度按每亩水面平均吊挂60笼为标准，10层/笼，每层放置扇贝“橙黄1号”种苗35～40粒，每亩水面可养种苗为2.1万～2.4万粒。养殖过程定期清除肉食性腹足类及甲壳类；洗刷清除附着生物。在高温或附着生物大量繁殖季节，适当加深吊养水层。台风来临前，做好加固、转移等工作。

本品种适合在8—10月投苗，次年2—4月收获；也可以在4—5月投苗，当年10—12月收获。本品种平均壳高≥5.5厘米时即可收获。养殖季节以8月至次年4月为佳，4—12月存在夏季西南季候风及台风影响，风险较大。

（二）主要病害防治方法

1. 育苗期间病害预防

要选择活力强、健康且规格大的种贝进行苗种繁育，并进行外表消毒处理。育苗设施要进行严格消毒，饵料培育同样需进行严格消毒处理，避免外源细菌和病毒的污染。为防止病原传染及水质污染导致病害发生，采用封闭式育苗，育苗期间不换水，定期施加益生菌，并投喂量足质优单胞藻，防止过量投饵。育苗期间尚未发现严重病虫害。

2. 海上养殖期间病害预防

要选择环境友好、无外源污染的海区。控制养殖密度，保证水流畅通，及时清除附着物和敌害生物，养殖废弃物运回陆地处理，严禁往海里倾倒，保证海底洁净，降低病原菌滋生风险。分苗、倒笼等养殖管理过程中避免粗放式操作，减少机械损伤对个体存活的影响。养殖期间尚未发现明确疾病。

四、育种和苗种供应单位

（一）育种单位

1. 广东海洋大学

地址和邮编：广东省湛江市海大路1号，524025

联系人：刘志刚

电话：13802828213

2. 中国科学院烟台海岸带研究所

地址和邮编：山东省烟台市莱山区春晖路17号，264003

联系人：王春德

电话：13589227997

3. 湛江银浪海洋生物技术有限公司

地址和邮编：湛江市人民大道中22号，524022
联系人：刘付少梅
电话：13709637166

（二）苗种供应单位

湛江银浪海洋生物技术有限公司雷州市覃斗镇育苗基地

地址和邮编：广东省湛江市雷州市覃斗镇海星村，524254
联系人：张马护
电话：13692407688

五、编写人员名单

刘志刚、王春德、卢怡凝、刘付少梅、张马护等

刺参“安源2号”

一、品种概况

（一）培育背景

刺参属于棘皮动物门，是我国有记载的21种食用海参中唯一分布于黄渤海的温带种类，具有极高的营养和经济价值。20世纪70年代后期刺参的人工育苗技术得到突破，到90年代中后期海参的池塘养殖在辽宁、山东沿海广泛开展，目前已经扩展到河北、福建、浙江等省沿海，养殖面积达到350多万亩，刺参的产量从2004年的近3万吨，发展到2022年的24.9万吨。刺参的良种培育起步于20世纪90年代，刺参“水院1号”于2009年通过全国水产原种和良种审定委员会审定，是我国第一个人工培育的刺参新品种，截至2023年通过审定的国家刺参新品种共有8个，新品种的推广促进了产业的发展。生长速度是刺参重要的经济性状，直接影响到刺参养殖业的经济效益。刺参的疣足（刺）越多，体壁（食用的主要部分）越厚，出肉率越高，营养价值也越高。在传统消费市场上，消费者往往根据海参是否有“刺”以及“刺”的多少来选购海参，刺参历来是市场上的上品，特别是刺多、刺长、体壁（肉）厚的刺参更是上品中的极品，价格更高。以生长速度、疣足数量作为选育目标，开展刺参的良种培育，对于促进刺参养殖业健康可持续发展具有重要的意义。

（二）育种过程

1. 亲本来源

该品种是以2012年从刺参“水院1号”选育系中挑选的568头亲参，以及从大连瓦房店和海洋岛野生群体中分别挑选的350头、585头亲参为基础群体。刺参“水院1号”是人工培育的新品种，具有生长速度快、疣足数量多的特点。大连瓦房店和海洋岛海域均为我国主要的刺参原产地，是我国辽参的主产地（辽参具有“色黑、肉糯、多刺”的特性，瓦房店海参有“六垄五刺参”之称）。

2. 技术路线

刺参“安源 2 号”培育技术路线见图 1。

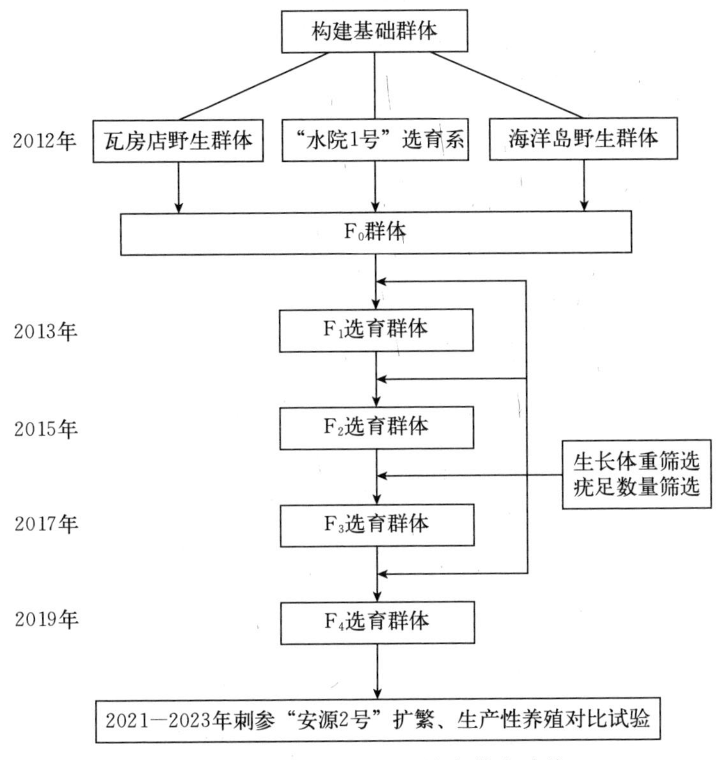

图 1　刺参“安源 2 号”培育技术路线

3. 培（选）育过程

2012 年 11 月从刺参“水院 1 号”选育系、大连瓦房店野生群体、大连海洋岛野生群体中选择个体大、疣足数量多（50 个以上）的种参（入选率小于 4%），作为刺参“安源 2 号”新品种的选育基础群。

从 2013 年起，以疣足数量和体重作为目标性状，经过连续 4 代的群体选育，最终形成疣足数量多、生长速度快的刺参“安源 2 号”。具体选育过程如下：

（1）*2013—2014 年 F_1 群体选育*　2013 年，自基础育种群的三个群体中选取性腺成熟的 650 头刺参作为亲参，构建了 F_1 选育群体，2014 年从保种池塘中选择体重大于 150 克、疣足数量大于 54 个的个体 1 000 头作为亲本，开始进行室内人工促熟，综合留种率约为 0.4%。

（2）*2015—2016 年 F_2 群体选育*　2015 年从促熟种参中选择健壮的 F_1 个体 489 头作为亲参，构建了 F_2 选育群体。2016 年从保种池塘中选择体重大于

150 克、疣足数量大于 56 个的个体 1 000 头作为亲本，开始进行室内人工促熟，综合留种率约为 0.5%。

（3）2017—2018 年 F_3 群体选育　2017 年从促熟种参中选择健壮的 F_2 个体 785 头作为亲参，构建了 F_3 选育群体。2018 年从保种池塘中选择体重大于 150 克、疣足数量大于 56 个的个体 1 500 头作为亲本，开始进行室内人工促熟，综合留种率约为 0.6%。

（4）2019—2020 年 F_4 群体选育　2019 年从促熟种参中选择健壮的 F_3 个体 1 030 头作为亲参，构建了 F_4 选育群体。

经过连续 4 代的选育，选育的刺参 F_4 具有生长速度快、疣足数量多的优势，且优良性状稳定。

（三）品种特性和中试情况

1. 品种特性

在相同养殖条件下，刺参“安源 2 号”与刺参“安源 1 号”和未经选育群体相比，26 月龄体重分别提高 10.14% 和 31.29%，疣足数量分别提高 13.91% 和 45.75%；成体疣足数量平均在 52 个以上。适宜在山东、辽宁、福建、河北等沿海地区水温 2～30 ℃和盐度 23～36 的人工可控的海水水体中养殖。

2. 中试情况

2021—2023 年，在辽宁、福建进行池塘养殖、吊笼养殖中试实验，在辽宁养殖区 3 个池塘养殖试验点和福建霞浦养殖区 2 个吊笼养殖试验点，连续 2 年开展“安源 2 号”与“安源 1 号”和普通养殖群体的生产性对比试验，累计池塘养殖试验面积 1 180 亩，吊笼养殖试验 8 000 笼。试验结果表明，在相同养殖条件下，“安源 2 号”与刺参“安源 1 号”和未经选育群体相比，26 月龄体重分别提高 10.14% 和 31.29% 以上，疣足数量分别提高 13.91% 和 45.75% 以上；成体疣足数量平均在 52 个以上。

二、人工繁殖技术

（一）亲本选择与培育

1. 亲本选择

刺参“安源 2 号”亲本来源于山东安源种业科技有限公司等培育单位，苗种繁育场应从育种单位引进。挑选的亲本应体表无损伤，活力强，体长大于 20 厘米，体重大于 200 克。

2. 亲本培育

（1）培育环境　亲参培育池长方形或方形，深度以1～1.5米为宜，水容量可在20～40米^3。

（2）饲养管理　采捕自然成熟的亲参，需暂养5～7天。蓄养期间亲参的密度应控制在20头/米^{3}以下。蓄养亲参的池底可加置石块、空心砖、黑色波纹板等供亲参栖息。蓄养期间不投饵，每日换水1～2次，换水量为池水容积的1/3～1/2，换水时应及时清除池底污物及粪便和已排脏的个体，或每晚清池1次。

人工促熟的亲参入池后头3天不要升温，待其生活稳定后，每日升温1℃。当温度升至13～16℃时应恒温培育。当积温达到800～1 200℃时，亲参的性腺能够成熟并自然排放。饵料可以用天然饵料，也可以用人工配合饲料，人工配合饲料应符合相关规定。日投饵量为亲参体重的3%～10%。每日换水1次，7～10天倒池1次。

（二）人工繁殖

采用阴干流水刺激的方法催产，阴干45～60分钟，流水刺激30～60分钟。低倍镜观察每个卵子周围有3～5个精子即可。受精卵的孵化密度不大于10粒/毫升。水温在18～25℃，盐度25～32，pH7.6～8.6。孵化海水或新加入的海水与授精时海水或原孵化水的水温温差不应超过3℃。在孵化过程中用搅耙每隔30～60分钟搅动1次池水。搅动时要上、下搅动，不要使池水形成漩涡导致受精卵旋转集中。当发育至小耳幼体后将浮于中上层的幼体选入培育池中进行培育。

（三）苗种培育

1. 浮游幼体培育

幼体的培育密度控制在0.2～0.5个/毫升。采取微充气的方式，每3～5米^{2}一个气石；或采用搅池的方法，0.5～1.0小时搅池1次。培育水温20～24℃，盐度在25～32，光照500～1 500勒克斯。

可在选优后向培育池加1/2的水，前3～5天逐渐把水加满，培育后期每日换水2～3次，每次换1/2；也可选优后直接将培育池加满水，培育早期（1～3天）水质状况好可不换水，培育后期每日换水1～3次，每次换1/2。应视幼体发育情况，采用吸底或倒池的方法改善水质。

饵料可以选用角毛藻、盐藻、海洋红酵母、酵母粉等，每日投喂2～4次。在具体的育苗实践中，应根据幼虫的密度、摄食情况等因素确定实际投饵量。

2. 稚参培育

一般在大耳幼体后期或幼体中已有20%左右变态为樽形幼体时投放附着基，附着基一般采用透明聚乙烯波纹板或聚乙烯网片。培育密度控制在10 000头/米^{2}以内。饵料以活性海泥和鼠尾藻磨碎液为主，也可投喂人工配合饲料，每日投喂1～2次，日投喂量为30～100毫克/升。实际投喂时以稚参摄食情况、水温高低、水质情况适当增减。日换水1/3～1/2，每隔7～10天倒池一次。

三、健康养殖技术

（一）健康养殖（生态养殖）模式和配套技术

1. 池塘条件

应选择附近海区无污染、远离河口等淡水源、风浪影响小的内湾，在潮间带中、低潮区的地方建造池塘。池塘要求进排水方便、常年水位不低于1.5米，以沙泥或岩礁池底为宜，保水性能好。水体盐度23～36，温度－2～32℃，pH 7.6～8.4。

池塘要投放一定数量的附着基作为参礁，参礁的堆放形状多样，堆形、垄形、网形均可。参礁要相互搭叠、多缝隙，以给刺参较多的附着和隐蔽场所。

新改造池塘应进水浸泡2个潮次，每次泡池3天，之后将水排除。旧池塘在参苗放养前要将池水放净、清淤，并暴晒数日。在放苗前1～1.5个月，要对池塘进行消毒。池内适量进水，使整个池塘及参礁全部淹没。消毒剂选择漂白粉5～20毫克/升或生石灰150～300克/米^2，全池泼洒。

2. 苗种投放

水温在10～25℃时投放苗种较为适宜，苗种的投放密度由苗种的大小、参礁的数量、换水的频次、是否投喂饵料等因素决定，大、中、小个体总数可以保持在10～40头/米^2。

3. 日常管理

放苗后2～3日进水10～15厘米。当水位达到最高处时，水色以浅黄色或浅褐色为好。进入夏眠后，应保持最高水位。每日换水量应遵循水质好、水温低、盐度稳定的原则。秋季以后加大换水量，每日换水量在10%～60%。冬季结冰后保持最高水位即可。

坚持早、晚巡池，观察、检查刺参的摄食、生长、活动情况，重点监测水温、盐度、溶解氧、pH等技术指标，并做好记录，及时发现问题及时采取有效措施。及时捞出池内杂物，保持池水清洁。每隔7～15天潜水检查，包括底质颜色、淤泥的厚度、刺参的健康情况，测量刺参体长、体重，检查其生长情况。并剖开数头刺参，检查其肠容物含量。

（二）主要病害防治方法

刺参疾病控制应以预防为主，其综合预防措施主要有两大方面：

1. 苗种培育期间

选择亲参和买苗时要进行规范的健康检查，保证其不携带致病原入池；育苗用水要经过二级砂滤或紫外线消毒，保证清除水体中多数微生物、敌害生物和有机物杂质；刺参培苗密度要适宜，做到及时清理附着基，适时倒池，减少养殖环境中有机物总量；在饲料投喂方面，要保证饲料的新鲜、适口和清洁，特别注意要严禁直接投喂海泥；经常通过显微镜观察海参幼体发育情况，及时发现苗体的病变情况并采取措施；定期测定育苗系统（水体、人工饲料、生物饵料）中微生物数量，以达到疾病预警的目的。

2. 养殖期间

放养苗种之前应彻底清除池底的过多淤泥，投放适宜、充足的附着基，创造良好的生态环境，以利于刺参的生存和生长；选择购买健康苗种；通过提高水深和加大换水量来保持良好水质，创造适宜的生存环境；控制池水透明度以防止滋生大量的敌害藻类；加强卫生管理，养殖用具专池专用，避免交叉感染；在日常管理过程中，注意观察池底清洁状况以及刺参活力、体表变化、摄食与粪便情况，定时测量水质指标和生长速度，发现问题及时解决；定期使用底质改良剂来改善刺参栖息环境，控制病原微生物数量。

四、育种和苗种供应单位

（一）育种单位

1. 山东安源种业科技有限公司

地址和邮编：山东省烟台市经济技术开发区潮水镇衙前村，265617

联系人：张淑清

电话：13645354441

2. 大连海洋大学

地址和邮编：辽宁省大连市沙河口区黑石礁街52号，116023

联系人：宋坚

电话：0411－84762131

3. 安源种业（辽宁）有限公司

地址和邮编：辽宁省锦州市凌海市大有农场双庙分场，121209

联系人：王增东

电话：18941620686

4. 烟台市海洋经济研究院

地址和邮编：山东省烟台市莱山区银海路 32－2 号，264003

联系人：柯可

电话：15963500699

（二）苗种供应单位

山东安源种业科技有限公司

地址和邮编：山东省烟台市经济技术开发区潮水镇衙前村，265617

联系人：张淑清

电话：13645354441

五、编写人员名单

邹安革、常亚青、宋坚、刘永旗、王增东、王建伟、张淑清等

海蜇“辽海科1号”

一、品种概况

（一）培育背景

海蜇隶属于刺胞动物门、钵水母纲、根口水母目、根口水母科、海蜇属。在中国沿海、日本西部、朝鲜半岛西部和俄罗斯远东地区均有分布。海蜇蛋白含量高、必需氨基酸丰富、胆固醇低，具有降血压、抗氧化和消炎等功效，具有极高的食用和药用价值，是我国重要的海水增养殖品种。1981 年辽宁省海洋水产研究所突破海蜇生活史，为人工育苗奠定了基础。20 世纪 90 年代海蜇池塘养殖兴起，池塘养殖具有成本低、生长快、可多茬养殖等特点，产业规模不断壮大，据《中国渔业统计年鉴》统计数据，2023 年海蜇池塘养殖面积 11 311公顷，养殖产量 80 521 吨，产值 20 余亿元。辽宁、河北、江苏等地是海蜇的主产区，其中辽宁省海蜇养殖面积和产量约占全国的 80%，居全国首位。然而，在养殖规模不断扩大的同时，海蜇种质的研究工作严重滞后，20 多年来，繁殖多代而没有对亲本进行更新和选育，出现海蜇生长缓慢、抗逆性下降等问题。目前海蜇尚未有新品种，良种缺乏是制约海蜇产业健康可持续发展的“卡脖子”问题，因此开展海蜇育种研究工作、培育有优良性状的新品种、满足产业对良种的迫切需求，对海蜇养殖业的提质增效具有重要意义。

（二）育种过程

1. 亲本来源

海蜇“辽海科 1 号”亲本为辽宁营口和天津野生群体。2015 年从辽宁营口海域收集成体海蜇 120 只；从天津海域收集成体海蜇 86 只。

2. 技术路线

海蜇“辽海科 1 号”培育技术路线见图 1。

3. 培（选）育过程

（1）基础群体（F_0）（2015 年 9 月至 2016 年 8 月） 为了避免近亲繁殖，提高群体遗传多样性水平，选择营口与天津群体进行混合交配，进行室内工厂

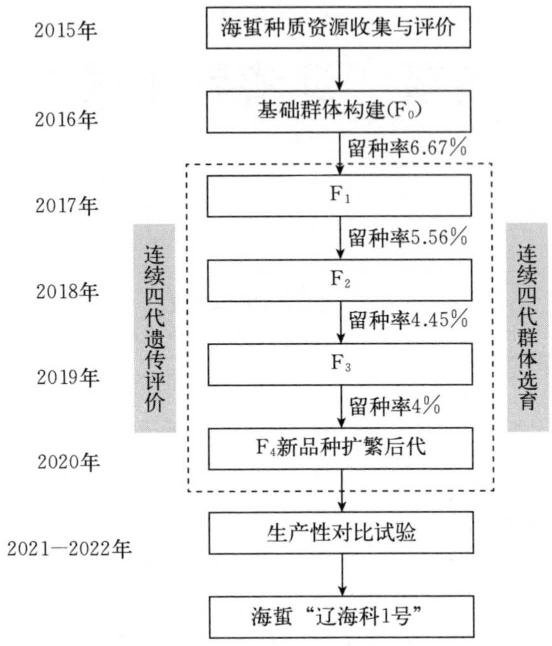

图 1　海蜇“辽海科 1 号”培育技术路线

化繁育与室外池塘养殖，培育出成体海蜇作为基础群体 F_0。

(2) 连续 4 代选育（F_1～F_4）（2016 年 9 月至 2020 年 8 月）　利用群体选育方法，以体重为目标性状，F_1～F_4 每代从上一代群体中选择生长快的成体作为亲蜇，留种率分别为 6.67%、5.56%、4.45%和 4.00%，进行室内工厂化繁育与室外池塘养殖，经连续四代群体选育，培育出生长快的海蜇新品种，命名为“辽海科 1 号”。

（三）品种特性和中试情况

1. 品种特性

海蜇“辽海科 1 号”体形呈蘑菇状，分为伞体部和口腕部，口腕部具有 8 条口腕，呈三翼型，口腕上具有丝状附属器和棒状附属器。体细胞染色体为 2 倍体，$2n$=42。海蜇“辽海科 1 号”生长快，在相同的养殖条件下，比未经选育的普通海蜇生长速度提高 16.47%。适宜在水温为 15～28 ℃、盐度为 16～30 的人工可控的海水水体中养殖。

2. 中试情况

2021—2022 年，在辽宁、江苏 2 个海蜇主产区 4 个试验点开展了连续两年的生产性对比试验，养殖方式为池塘养殖，累计试验面积 3 444 亩（含对照组）。试验结果表明，海蜇“辽海科 1 号”与未经选育普通海蜇相比，在生产上具有明显的生长优势，生长速度提高了 16.5%～19.8%。

二、人工繁殖技术

（一）亲本选择与培育

1. 亲本选择

亲本来源于辽宁省海洋水产科学研究院亲本养殖基地。亲本活力好、体质健康有光泽、体表光滑无损伤、体重 10 千克以上、性腺发育良好。

2. 亲本培育

（1）培育环境　从后备亲蜇养殖池塘中选择用于繁殖的亲本，运输到室内工厂化车间强化培育，培育池一般为 20～40 米^3，水深 1.2～1.5 米。

（2）饲养管理　亲蜇雌、雄分开培育，培育密度为 0.5 个/米^3，每天投喂卤虫无节幼体或活体轮虫 1～2 次，投喂后 2 小时换水，每次换水量为 30%～50%。

（二）人工繁殖

海蜇为雌雄异体，体外受精，分批产卵。凌晨时将亲蜇从培育池移入孵化池中，雌雄比例为 1∶1 或 2∶1，密度为 1～2 个/米^3，雌雄相互刺激产卵排精，8:00 将亲蜇捞出暂养待用，可分批次产卵 4～5 次。

亲蜇捞出后池水静置 30 分钟，用虹吸管排出上层水 15～25 厘米，每天补新水 5 厘米，微充气，孵化水温为 20～25 ℃，盐度 16～30。受精 0.5 小时后开始卵裂，6～8 小时孵化成浮浪幼虫。

（三）苗种培育

1. 螅状幼体培育

浮浪幼虫附着变态后，4～5 天，螅状幼体发育成 4 触手，为前期培育；9～11 天，4 触手螅状幼体发育成 8 触手，为中期培育；13～16 天，8 触手螅状幼体发育成 16 触手，为后期培育。投喂轮虫、卤虫无节幼体等饵料，1～2 天投喂 1 次，投喂量为附苗量的 5～10 倍。

2. 碟状幼体培育

越冬后的螅状幼体通过人工或自然方法升温，每天将过滤的自然海水温度升高 0.5～1 ℃，饵料以卤虫无节幼体为主，3～4 天投喂一次，投喂量为螅状幼体的 10～20 倍，投喂后 3 小时换水，换水量为 30%～50%。等温度升至 13～15 ℃，螅状幼体经横裂生殖产生碟状幼体，碟状幼体的培育密度为 10 000～

20 000 只/米^3，饵料以鲜活的轮虫和卤虫无节幼体为主，每天投喂 2～3 次，每次投喂量为碟状幼体的 10～20 倍，每天换水 1～2 次，换水量为 30%～50%。

3. 幼蜇培育

碟状幼体经过 10 天左右发育为稚蜇，稚蜇的培育密度为 8 000～10 000 个/米^3，饵料以鲜活的轮虫和卤虫无节幼体为主，每天投喂 3～4 次，每次投喂量为稚蜇的 50～100 倍，每天换水 2～3 次，换水量为 30%～50%。

伞径超过 1 厘米后进入幼蜇培育阶段，幼蜇的培育密度为 5 000～8 000 个/米^3，饵料以鲜活的轮虫和卤虫无节幼体为主，每天投喂 4～5 次，每次投喂量为幼蜇的 100～200 倍，每天换水 2～3 次，换水量为 30%～50%。

三、健康养殖技术

（一）健康养殖（生态养殖）模式和配套技术

海蜇“辽海科 1 号”以池塘混养为主。

1. 环境条件

适宜水温 15～28 ℃，盐度 16～30，pH 7.5～8.8，溶解氧 3 毫克/升以上。

2. 池塘选择

选择风浪较小，能自然纳潮进排水，水深在 1.5 米以上的海水养殖池塘，池底平坦，面积在 50 亩以上为宜。

3. 放养密度

应根据池塘条件、放苗时间、饵料丰度、养殖技术水平等因素进行调整。伞径 1～3 厘米海蜇苗种放养密度一般为 100～300 只/亩，伞径大于 3 厘米放养密度为 50～100 只/亩。

4. 水质调控

检测池塘的浮游生物，掌握池塘基础饵料生物量情况，做好微生态制剂、有机肥、无机肥等水质调控。

（二）主要病害防治方法

海蜇养殖过程中，对常见病害应以预防为主，辅以水质调控和养殖管理等加以防控，提倡生态绿色养殖，保证产品质量。具体可采取以下措施：

（1）干池塘后底泥翻耕晾晒，用生石灰或漂白粉消毒底质；

（2）定期使用益生菌等生物制剂调控水质；

（3）定期使用过硫酸氢钾、臭氧等改善底质和水体；

（4）定期检测弧菌，用聚维酮碘等消毒剂控制病菌繁殖。

四、育种和苗种供应单位

（一）育种单位

辽宁省海洋水产科学研究院

地址和邮编：辽宁省大连市沙河口区黑石礁街 50 号，116023
联系人：李云峰
电话：13384111858

（二）苗种供应单位

辽宁省海洋水产科学研究院

地址和邮编：辽宁省大连市沙河口区黑石礁街 50 号，116023
联系人：李云峰
电话：13384111858

五、编写人员名单

李云峰、周遵春、李玉龙等

杂交鲤鲃“滇优1号”

一、品种概况

（一）培育背景

滇池金线鲃，俗称金线鱼，隶属鲤形目、鲤科、鲃亚科、金线鲃属，是滇池流域的特有种，自20世纪50年代后期以来，由于各种因素影响，滇池金线鲃在滇池湖体消失，仅存于入湖溪流及龙潭中。滇池金线鲃具有高蛋白、低脂肪、高鲜味氨基酸、高多不饱和脂肪酸、高DHA等优点。总体而言，滇池金线鲃比常见经济鱼类具有更高的营养价值，目前市场价格约600元/千克，商业开发前景广阔。为保护并利用这一高营养价值物种，2000年起，中国科学院昆明动物研究所开始开展滇池金线鲃保护、繁殖、种群恢复和育种等研究工作。2007年首次突破滇池金线鲃人工繁殖，并开展群体选育工作，2017年经多代选育获得了具有生长快、肌间刺弱化等优良性状的水产新品种滇池金线鲃“鲃优1号”（GS-01-002-2017）。

但相比于大宗淡水鱼类，滇池金线鲃本身的特性决定了其具有生长慢、成鱼个体小、适应性差等劣势，因此，在开展滇池金线鲃群体选育的同时，研究团队一直尝试采用远缘杂交的方式改良滇池金线鲃的生产性能，经多年研究发现，以华南鲤为母本、滇池金线鲃“鲃优1号”为父本的杂交组合来改良滇池金线鲃效果较理想。杂交鲤鲃“滇优1号”在此背景下经十余年培育而成，对增加淡水养殖鱼类品种和提高鱼产品质量都具有重要的意义。

（二）育种过程

1. 亲本来源

2006—2008年，以从元江流域收集的华南鲤野生种群为基础群体，以生长速度为主要选育指标，经连续4代群体选育，获得生长快的华南鲤F_4选育系，即作为杂交母本。

2015年，以滇池金线鲃“鲃优1号”为基础群体，以生长速度为主要选育指标，经连续2代群体选育，获得生长快的滇池金线鲃“鲃优1号”F_2选育系，即作为杂交父本。

2. 技术路线

杂交鲤鲃“滇优1号”培育采用杂交育种技术，技术路线见图1。

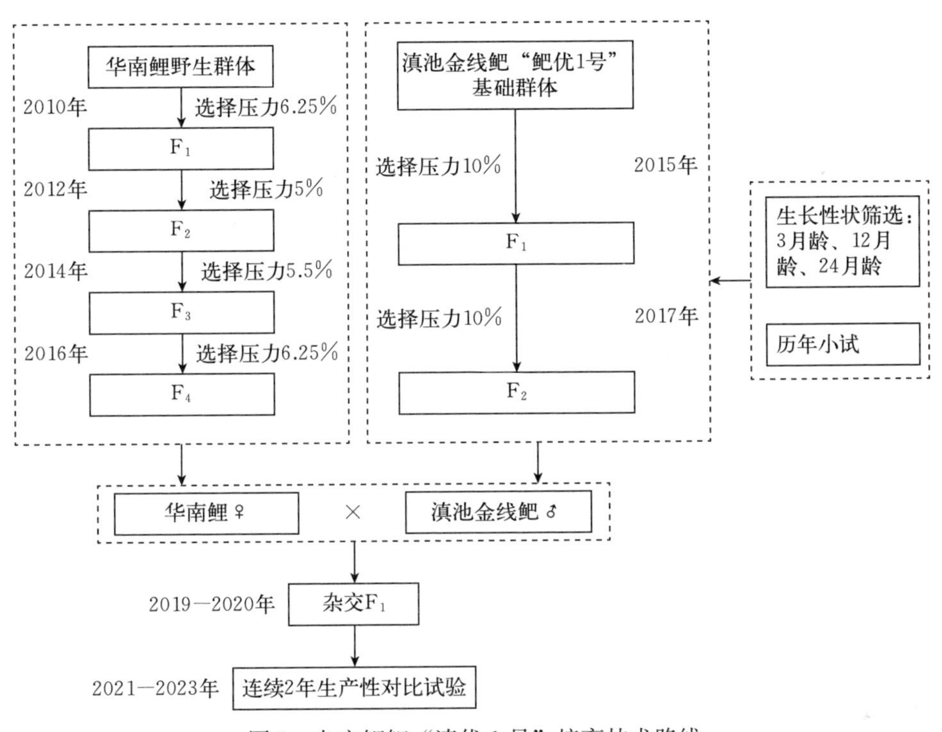

图1　杂交鲤鲃“滇优1号”培育技术路线

3. 培（选）育过程

（1）华南鲤（母本）选育过程　2006—2008年，从元江流域收集华南鲤野生种群，共计241尾，并以此为基础群体，以生长速度为选育指标开展华南鲤群体选育。在华南鲤每个世代生长过程中，随机选出1月龄40万尾鱼种，之后分别在3月龄、13月龄和24月龄时进行三次筛选，以5%～8%的选育率选留出生长速度较快的个体，作为后备亲鱼。经连续4代选育，培育出生长速度快的华南鲤优良品种。

（2）滇池金线鲃“鲃优1号”（父本）选育过程　以中国科学院昆明动物研究所培育的滇池金线鲃“鲃优1号”种群为基础群体，以生长速度为主要选育指标，开展滇池金线鲃“鲃优1号”群体选育。在滇池金线鲃“鲃优1号”每个世代生长过程中，分别在3月龄、13月龄和24月龄进行三次筛选，筛选出生长速度较快的个体，F_1～F_2每个世代选择压力均为10%。经连续2代选育，获得生长快的滇池金线鲃“鲃优1号”优良群体。

(3) 杂交过程　2019 年，用选留的华南鲤 F_3 选育系为母本、滇池金线鲃“鲃优 1 号” F_2 选育系为父本，采用人工授精的方法获得杂交后代 100 余万尾，在中国科学院昆明动物研究所珍稀鱼类保育研究基地和云南省文山州西畴县基地进行苗种培育和生长对比实验。

2020 年开始，用选留的华南鲤 F_4 选育系雌鱼和滇池金线鲃“鲃优 1 号” F_2 选育系雄鱼，人工授精生产获得杂交种 F_1，对比双亲有明显肉质优势，且杂交种 F_1 当年即可出塘，即为杂交鲤鲃“滇优 1 号”。

（三）品种特性和中试情况

1. 品种特性

杂交鲤鲃“滇优 1 号”体型介于父母本之间，在相同养殖条件下，与父本相比，12 月龄、24 月龄体重分别提高 552.54%、682.47%。适宜在全国水温 16～28 ℃的人工可控淡水水体中养殖。

2. 中试情况

2021—2023 年，在云南、四川、江苏、湖北进行池塘养殖试验，并在云南和四川养殖区 4 个试验点，开展连续 2 年杂交鲤鲃“滇优 1 号”与父母本生产性对比试验，累计试验面积 2 100 亩。试验结果表明，与父本相比，12 月龄、24 月龄体重分别提高 552.5%、682.5%。

二、人工繁殖技术

（一）亲本选择与培育

为保证亲本质量，选取经过培育的华南鲤和滇池金线鲃“鲃优 1 号”，专池养殖。在每年的繁殖期，挑选体形好、体质健壮、无疾病、无损伤、性成熟特征明显的雌性华南鲤和雄性滇池金线鲃“鲃优 1 号”作为杂交的亲鱼进行专池培育。

亲鱼的培育，雌雄比为 1∶1.5，按不同的年龄组、个体大小等具体情况分到不同培育池中培育，便于实施不同的饲养管理措施，也方便繁殖时筛选。亲鱼的配合饲料要求粗蛋白含量达到 40%，同时添加适量对性腺发育有促进作用的物质。应该注意的是，要定期冲水，尤其是临产前一个月要加大冲水量，流水刺激是池塘培育亲鱼的必要措施。在培育过程中，需经常对亲鱼进行检查，如果发现亲鱼过胖，要减少投饵料多冲水，促进性腺发育；如果发现亲鱼太瘦，则加强培育，配制适合亲鱼生长和性腺发育的饲料投喂。

（二）人工繁殖

1. 人工授精

采用干法授精，分别将华南鲤的卵子和滇池金线鲃“鲃优1号”精子从其腹部轻轻挤压于干燥器皿中，用鸡毛轻轻搅拌30秒后加入少许清水（以盖过卵精为宜），再搅拌20秒，让精卵充分接触受精后，用清水清洗3次，然后将清洗干净的受精卵均匀泼洒黏附在预先经过清洗消毒处理的孵化器中。

2. 受精卵孵化

微充气或静水孵化法，先将黏附着受精卵的孵化器取出放入5毫克/升浓度的霉菌净水溶液中浸泡15分钟，消毒后取出放入面积20～50米^{2}的孵化池中孵化，前四天每天对鱼卵用相同方法消毒一次，水温18～20℃，pH7.5～9.0，孵化池中用氧气泵增氧，经125小时完成孵化。

3. 捞苗

日出及日落前专人值守在孵化池旁，将孵化池中聚集的鱼苗整群捞出，随见随捞，集中一批，培育一批，同步同期培养。

（三）苗种培育

1. 鱼苗培育

鱼苗放养前用高锰酸钾溶液全池泼洒消毒，然后注入新鲜水。培育过程中，根据不同生长阶段、水温，控制饲料投喂量，以及适口的配合饲料、卤虫、大型冷冻桡足类等。

鱼苗放养后，需注意水质管理，每日应加强巡塘，特别是凌晨和傍晚，每天定时观察水色、鱼类集群活动、摄食、病害与死亡情况，发现问题及时处理。经常清洗池塘，每天注入新水，保持水质清新，有利于苗种生长，同时促进浮游生物繁殖、减少鱼病发生。发现病死鱼及时捞出并检查，及时用药。

2. 鱼种培育

杂交鲤鲃“滇优1号”培育采用单养模式。鱼种放养密度根据养殖目标、池塘条件、饲料情况、技术和管理水平等多方面决定，一般水温在16～28℃，养殖密度为20～100尾/米^3。鱼种培育期间严格投喂及日常管理。

三、健康养殖技术

（一）健康养殖（生态养殖）模式和配套技术

采用池塘单养模式。

（1）*养殖设施*　养殖池塘面积100～300米^2，水深1.0～1.2米，有独立进、排水口；池底向排水孔以一定的坡度倾斜，以利于排水。

应具备供电、供水、供气、增温系统等，其中供水系统的水泵日提水能力应大于育苗用水高峰期用水量，沉淀池与蓄水池的总容量不少于日用水量。

（2）养殖密度　根据苗种大小，调整放养密度，仔鱼期放养密度为 3 000～6 000 尾/米^3，幼鱼期放养密度为 100～1 000 尾/米^3，成鱼期 20～100 尾/米^3。

（3）饲养管理　每天早晚定时定点各投喂 1 次，根据鱼的体重、数量等来确定投喂量。一般日投喂量是按鱼的体重和水温来确定的。当水温为 16～20 ℃时，投喂量为鱼体重的 1.5%～2.0%；当水温为 20～26 ℃时，投喂量为鱼体重的 2.0%～3.0%；26 ℃以上时，投喂量为鱼体重的 1.0%。

（4）日常管理

① 水质管理。水质优，pH 为 7.5～8.0，溶解氧 5.0～6.0 毫克/升，总硬度以碳酸钙计为 89～142 毫克/升，温度不能低于 4 ℃，有机耗氧量＜30 毫克/升，氨＜0.1 毫摩/升。

② 其他管理。用遮光率 90%的黑色遮光网遮盖，避免阳光直射。池内每 10 米^2 布置一个充气石，增加池内溶解氧。加强巡塘，观察水质及亲鱼吃食活动情况，做好养殖记录。

（二）主要病害防治方法

1. 烂鳃病

【病因及症状】

病因：细菌性感染。

症状：发病初期，鱼离群独游；后体色变黑，停止吃食。肉眼检查，可见鳃丝发白并粘有污泥，严重时鳃盖腐蚀成一透明小区，俗称“开天窗”。

【流行季节】春季、冬季。

【防治方法】保持养殖水体清爽可以在很大程度上防止该病发生。发病时使用五倍子（粉碎后用开水冲泡溶解）泼洒，每立方米水体使用五倍子 2.0～4.0 克。同时每千克饲料拌恩诺沙星粉 1.0～3.0 克投喂效果更佳。

2. 水霉病

【病因及症状】

病因：机械损伤后，水霉菌感染。

症状：霉菌幼孢子从鱼体伤口侵入后，迅速萌发，向内外生长，长成一团白色、棉毛状的菌丝，与组织细胞黏附在一起，使组织坏死；同时，霉菌可分泌一种酵素，分解鱼的组织。内菌丝吸收鱼体营养，外菌丝长成絮状白毛，使鱼行动迟缓、食欲减退直至死亡。

【流行季节】一年四季均可发病，早春、晚冬最为流行。

【防治方法】 勿使鱼体受伤，同时注意保持合理的放养密度。一旦发病，将食盐、小苏打混合液全池泼洒，浓度为8毫克/升。

四、育种和苗种供应单位

（一）育种单位

1. 中国科学院昆明动物研究所

地址和邮编：云南省昆明市盘龙区龙欣路17号，650201

联系人：王晓爱

电话：0871－65191652/15087151681

2. 云南省水产技术推广站

地址和邮编：云南省昆明市西山区滇池路25号，650034

联系人：杨其琴

电话：15687170260

（二）苗种供应单位

中国科学院昆明动物研究所

地址和邮编：云南省昆明市盘龙区龙欣路17号，650201

联系人：王晓爱

电话：0871－65191652/15087151681

五、编写人员名单

王晓爱、张源伟、吴安丽、刀微

杂交雅罗鱼"雅龙1号"

一、品种概况

（一）培育背景

我国有丰富的盐碱水土资源，其中盐碱地 14.87 亿亩，低洼盐碱水 6.9 亿亩，广泛分布于东北、西北和华北等干旱少雨地区。"以渔治碱"是开发利用盐碱水土资源的有效途径，但是耐碱品种匮乏、养殖模式缺乏、养殖产量不稳定等是盐碱水土资源开发利用亟待解决的关键问题。

我国雅罗鱼资源丰富、分布范围广，其耐碱性强、近缘种较多，是培育耐碱新品种的首选种源。中国水产科学研究院黑龙江水产研究所收集了来自不同水域的 5 种雅罗鱼原种，攻克了全人工繁殖，建立了核心选育群体。利用群体选育和杂交选育技术，选育了耐碱、生长快、品质优等综合性状优良的雅罗鱼杂交种"雅龙 1 号"。测试和评估了"雅龙 1 号"的碱耐受力、生长、肌肉品质等生产性能，攻克了其苗种规模化制备技术、大规格苗种培育技术及在中碱度池塘的驯养技术，显著提高了其在中碱度池塘的养殖成活率和生长速度。

杂交雅罗鱼"雅龙 1 号"是我国首个具有完全自主知识产权的水产耐碱新品种，可对推进中高盐碱水域的渔业高效利用、农民增收、乡村振兴发挥积极作用，同时也对促进盐碱区域土壤生态改良、社会效益提升等方面产生重要影响。

（二）育种过程

1. 亲本来源

瓦氏雅罗鱼原始亲本来源于 2008 年从内蒙古达里湖（碳酸盐碱度 53.57 毫摩/升，pH 9.6）引进的野生群体 56 尾，经连续 2 代群体选育获得杂交母本；高体雅罗鱼原始亲本来源于 2008 年从新疆额尔齐斯河特种鱼开发有限责任公司引进的野生苗种 10 000 尾，经连续 2 代群体选育获得杂交父本。瓦氏雅罗鱼长体形，鳞片稀松，耐碱能力极强，但生长慢，性成熟个体体重只有 60～150 克；高体雅罗鱼宽体形，鳞片致密，腹鳍和臀鳍呈橘红色，生长快，性成熟个体体重在 300～400 克，但耐碱能力差。

2. 技术路线

杂交雅罗鱼“雅龙 1 号”培育技术路线见图 1。

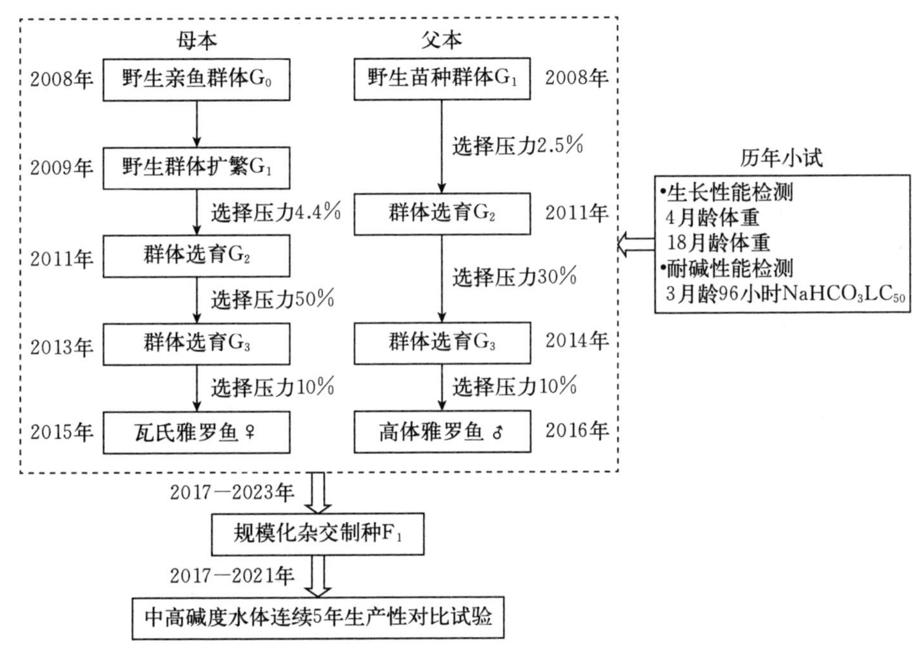

图 1　杂交雅罗鱼“雅龙 1 号”培育技术路线

3. 培（选）育过程

（1）母本选育过程（性成熟周期 2 年）　2009 年对 56 尾野生亲鱼实施人工催产，获得 G_1 鱼种作为基础选育群体，池塘培育至性成熟；2011 年挑选成熟度好、体重 100 克以上的个体，辅以分子标记辅助群体选育，挑选大规格 G_2 个体留种培育至性成熟；2013 年挑选成熟度好的个体，实施规模化群体选育，挑选大规格 G_3 个体留种。经测定生长和耐碱性能均已稳定，2015 年以后挑选成熟度好的雌性个体作为“雅龙 1 号”杂交母本。

（2）父本选育过程（性成熟周期 3 年）　2008 年引进野生苗种 10 000 尾，挑选大规格鱼种原塘培育至性成熟作为基础选育群体 G_1；2011 年挑选成熟度好、体重 300～400 克的个体，辅以分子标记辅助群体选育获得 G_2，挑选大规格 G_2 个体留种培育至性成熟；2014 年挑选成熟度好的个体，实施规模化群体选育，挑选大规格 G_3 个体留种。经测定 G_3 生长各项指标稳定，2016 年以后挑选成熟度好的雄性个体作为“雅龙 1 号”杂交父本。

（3）杂交制种　2017—2023 年，每年 4 月 20 日左右，逐尾挑选体重在

100 克以上的瓦氏雅罗鱼雌鱼和体重在 300～400 克的高体雅罗鱼雄鱼进行人工催产，分别采集卵子和精子，干法授精，黄泥脱黏，孵化器流水孵化，获得杂交雅罗鱼“雅龙 1 号”。

（三）品种特性和中试情况

1. 品种特性

杂交雅罗鱼“雅龙 1 号”体长，侧扁，腹部圆，鳞片致密，身体背部及体上侧呈灰黑色，腹部银白色，腹鳍和臀鳍呈橘黄色。在相同碱度胁迫试验条件下，与父本相比，碱度耐受上限提高 22.60%；在相同养殖条件下，与母本和父本相比，18 月龄体重分别提高 33.80%和 16.18%。适宜在东北、西北、华北等地水温 13～22 ℃和碱度 10～35 毫摩/升的人工可控的盐碱水水体中养殖。

2. 中试情况

2017—2021 年，在黑龙江省和甘肃省盐碱池塘和盐碱泡沼（碳酸盐碱度 10～35 毫摩/升）进行中试示范性养殖。黑龙江省（肇东市和大庆市）两个试验点为碳酸盐型盐碱水，甘肃省（景泰县和永登县）两个试验点为硫酸盐型盐碱水，累积试验面积 6 700 亩。试验结果表明，“雅龙 1 号”耐碱性能强、易驯化、病害少，生长速度比高体雅罗鱼提高 16%以上，比瓦氏雅罗鱼提高 33%以上；苗种驯养成活率 70%以上，成鱼养殖成活率 90%以上。

二、人工繁殖技术

（一）亲本选择与培育

1. 亲本选择

亲本来源于中国水产科学研究院黑龙江水产研究所，苗种繁育场应从育种单位引进。瓦氏雅罗鱼要求长体形，腹部圆，鳞片大，耐碳酸盐碱度 50 毫摩/升以上，体重 100 克以上；高体雅罗鱼要求宽体形，鳞片致密，腹鳍和臀鳍橘红色，体重 300 克以上。

2. 亲本培育

（1）培育环境　专池培育，面积一般以 3～5 亩为宜，水深 1.5～2.0 米，注、排水方便，池底平坦，淤泥厚度在 10～15 厘米，水质较肥，适当搭配鲢调节水质。

（2）饲养管理　北方 4 月初池塘解冻后，水温 10 ℃以上，母本瓦氏雅罗鱼卵巢发育迅速进入终末期，是卵黄物质快速积累和成熟的关键期。因此宜选择蛋白含量 36%以上的亲鱼配合饲料进行饲喂，日投饵量为鱼体重的 3%～5%，根据天气、水温和摄食情况调整投喂量，每天投喂 3 次。早晚观察水色、鱼体等变化状况，定期补加新水调节水质和溶氧。

（二）人工繁殖

杂交雅罗鱼“雅龙1号”的人工繁殖在春季池塘水温达13℃以上时，采用人工催产、人工授精的方式，进行苗种生产。有条件的最好采用水源温度可控的室内或大棚车间进行育苗，以保证催产率、受精率、孵化率及鱼苗成活率。

1. 繁殖亲本选择

严格按照良种逐尾选择。亲本选择体质健壮、体表完整无伤、体形较好，体重100克以上的个体，雌雄比1∶1。瓦氏雅罗鱼雌鱼宜选择2^+～6^+龄，第二性征明显，腹部柔软，卵巢发育到Ⅳ末期至Ⅴ期；高体雅罗鱼雄鱼宜选择2^+～6^+龄，精液充足，轻压腹部有乳白色精液流出。

2. 人工催产

每千克雌鱼宜用3～5微克的促黄体素释放激素A_2（LHRH－A_2）和3～5毫克的地欧酮马来酸盐（DOM）混合制剂，胸腔一次注射；雄鱼药物剂量为雌鱼的1/2。

3. 人工授精

亲鱼注射药物后放入产卵池，循环加注新水，制造流水刺激，以利于亲鱼发情产卵。水温13～18℃时，效应时间为30～24小时。采用人工干法授精。首先用干毛巾擦干鱼腹部、生殖孔、腹鳍、臀鳍上的水珠，将鱼腹部朝下，将手从腹鳍两侧向臀鳍方向顺势挤压腹部分别采集卵子和精子，放入不同的干燥的容器内，4℃冷藏箱中避光保存，保存时间不宜超过5小时。然后，向装有1千克卵子的容器中加入20～25毫升精液，用柔软的羽毛轻轻搅拌，使精卵混合均匀，加入少量清水继续搅拌3～5分钟，完成授精。最后，采用黄泥搅拌脱黏5～8分钟，清水反复漂洗使受精卵充分膨胀，无泥沙为宜。

4. 鱼苗孵化

脱黏后的受精卵放入孵化桶或孵化罐，进行流水孵化，孵化水温13～16℃。每隔6小时用1%亚甲基蓝浸泡消毒10分钟，以达到防治水霉菌的效果。出眼点后停止消毒。待鱼苗平游后，投喂鸡蛋黄或丰年虫或蛋白含量为40%以上的虾料进行开口驯化。

（三）苗种培育

1. 鱼苗培育

（1）鱼苗培育池　池塘面积宜1～3亩，池深1～1.5米，注排水方便。放苗前5～10天，需用生石灰或漂白粉进行彻底清塘消毒，并施肥、注水。

（2）鱼苗放养　95%以上鱼苗平游开口即可下塘。放养密度为 30 万～50 万尾/亩，放养前应平衡鱼苗运输水体与池塘水温，温差不宜超过 3 ℃。

（3）饲养管理　鱼苗入塘第二天开始投喂。前两周投喂蛋白含量为 40%以上虾料；然后转为虾料和蛋白含量 39%的鲤配合饲料进行转饵驯化；最后完全替换为蛋白含量为 39%的鲤配合饲料。每日早晚巡塘，注意观察水质、浮游生物、鱼苗活动及生长情况，及时清除杂物和敌害生物，定期补水。

（4）出池分塘　北方地区鱼苗经 25～30 天培养，全长达 2～2.5 厘米即可分池饲养、出售。为提高鱼苗出塘成活率，出塘前进行拉网锻炼 1～2 次。

2. 鱼种培育

（1）鱼种培育池　池塘面积宜 3～5 亩，池深 1.5～2 米。放苗前池塘需要平整和消毒，并施肥、注水。

（2）仔鱼放养　肥水放养。放养规格为全长 2～2.5 厘米，放养密度为 5 000～8 000 尾/亩。

（3）饲养管理　投喂粗蛋白含量 36%以上的鲤或鲫幼鱼人工配合饲料，日投饵量为鱼体重的 3%～5%，根据天气、水温和摄食情况应适当增减投饲量，每天投喂 3 次。每天早晚巡塘，观察水质、鱼苗生长、病害等情况，每隔 7 天加注一次新水，每次加水深 10～15 厘米，保持池塘水位深度 2 米。

（4）疾病防治　预防为主，防治结合。放养前用 1%的 NaCl 溶液浸洗鱼体 5～10 分钟，每月按比例全池泼洒高效复合碘溶液 1 次，以达到预防疾病的目的。

（5）越冬管理　北方地区要做好越冬管理。选择池底平坦、淤泥少、保水性良好的越冬池。面积宜 3～5 亩，向阳背风，注排水方便，在东北寒冷地区水深需在 2.5 米以上。及时清扫积雪。水体缺氧时可采取注水、充气等方法增氧。对于越冬池的堤坝、注排水口和闸门等处，要每日检查，发现有损坏或漏水之处，应及时处理。

三、健康养殖技术

（一）健康养殖（生态养殖）模式和配套技术

1. 池塘单养模式

“雅龙 1 号”适合单养。选择面积 5～10 亩、水深 2～2.5 米的池塘，放养前池塘需平整和消毒。鱼种放养规格为 20～40 克，放养密度 5 000～8 000 尾/亩，可搭配鲢、鳙鱼种［（1～3）：1］100～200 尾，用以调节水质。选择粗蛋白含量 34%以上的鲤或鲫成鱼人工配合颗粒饲料，日投饵量为鱼体重的 3%～6%，根据天气、水温和摄食情况应适当增减投饲量，每天投喂 3 次。疾病防治坚持“预防为主，防治结合”的原则。放养前用20～25克/升的NaCl溶液浸洗鱼体5～10分钟，每月按比例全池泼洒高效复合碘溶液1次（每3亩用量500毫升），以达到调节水质、预防疾病的目的。日常管理与鱼种培育阶段相同，经常观察鱼的生长情况，适量加注新水调节水质，每次加注10～15厘米，保持水位2～2.5米，早晚巡塘，监测水中溶氧含量、观察水质变化、鱼种生长和病害情况。“雅龙1号”全年都在摄食生长，池塘封冰前继续进行投饲，根据吃食情况减少投料量。

2. 池塘混养模式

“雅龙1号”喜栖上层水体，可选择与其生长规格相近的底栖鱼类如鲫搭配混养，充分利用水体空间。“雅龙1号”鱼种放养规格20～40克，放养密度2 000～3 000尾/亩；混养鲫鱼种，放养规格30～50克，放养密度1 000～2 000尾/亩；搭配鲢、鳙鱼种［(1～3)∶1］100～200尾，用以调节水质。选择粗蛋白含量34%以上的鲤或鲫成鱼人工配合颗粒饲料，日投饵量为鱼体重的3%～6%，根据天气、水温和摄食情况应适当增减投饲量，以无残饵为准，每天投喂3次。日常管理与疾病防治与“雅龙1号”池塘单养养殖模式相同。

（二）主要病害防治方法

1. 水霉病

【病因及症状】春季或秋季拉网、繁殖催产易造成鱼体体表受伤引发水霉病。受伤部位长白毛，达到身体1/3即可引起鱼体死亡。

【流行季节】春季4—5月、秋季9—10月水温低，出池体表受伤易频发。

【防治方法】①放养时可用2%盐水浸泡5～10分钟进行鱼体消毒；②使用腐霉烂身停（主要成分：水杨酸）或君美净（主要成分：没食子酸）100毫升/亩，全池泼洒，连用2～3次。

2. 车轮虫病

【病因及症状】车轮虫主要寄生在鱼鳃上，刺激组织分泌过多黏液，严重影响呼吸。主要危害仔鱼和鱼种，大量感染时鱼体消瘦、发黑，游泳迟缓至死亡。

【流行季节】5—9月，车轮虫适宜繁殖水温18～28℃。

【防治方法】①放养前用生石灰彻底清塘；②放养时用2%的盐水浸洗5～10分钟进行鱼体消毒；③发病后使用车轮斜管净（主要成分：苦参碱）250毫升/亩，全池泼洒。

3. 锚头鳋病

【病因及症状】主要寄生在鱼体表或鳃上，产生小红点，严重感染可致鱼死亡。

【流行季节】全年都可寄生，但 6—9 月易频发。

【防治方法】①用生石灰清塘杀死锚头鳋的幼虫；②使用 0.06 毫升/米^3 钉灭威（主要成分：硫酸烟酰苯胺盐）全池泼洒，间隔 10 天，连用两次治疗效果佳。切记勿用敌百虫治疗，以免引起雅罗鱼死亡。

四、育种和苗种供应单位

（一）育种单位

中国水产科学研究院黑龙江水产研究所
地址和邮编：黑龙江省哈尔滨市道里区松发街 43 号，150070
联系人：常玉梅
电话：18645105762

（二）苗种供应单位

中国水产科学研究院黑龙江水产研究所
地址和邮编：黑龙江省哈尔滨市道里区松发街 43 号，150070
联系人：常玉梅
电话：18645105762

五、编写人员名单

常玉梅、梁利群、黄晶、张立民、曹顶臣等

杂交黄颡鱼“百雄 1 号”

一、品种概况

（一）培育背景

黄颡鱼，俗称黄腊丁，隶属于鲇形目鲿科黄颡鱼属，是我国淡水水域常见的底栖无鳞鱼类，在长江、珠江及黑龙江水系均有分布。黄颡鱼肉质细嫩、营养丰富、无肌间刺、环境适应能力强、养殖周期短，可进行高密度养殖，颇受消费者和养殖户的青睐，2022 年全国养殖总产量达 59.98 万吨，其中杂交黄颡鱼占比在 80%以上。

目前审定通过的三个黄颡鱼新品种中，“全雄 1 号”（GS-04-001-2010）和“全雄 2 号”（GS-04-001-2023）是以黄颡鱼为母本、超雄黄颡鱼为父本获得的全雄黄颡鱼，“黄优 1 号”（GS-02-001-2018）是以黄颡鱼为母本、瓦氏黄颡鱼为父本杂交获得的杂交黄颡鱼。黄颡鱼及杂交黄颡鱼生长性别二态性差异显著，在相同养殖条件下，1 龄阶段雄鱼比同胞雌鱼的生长速度快 30%～50%。

在此背景下，选育单位利用群体选育和性别控制技术，杂交培育出生长速度快、规格整齐、雄性率高的杂交黄颡鱼“百雄 1 号”。

（二）育种过程

1. 亲本来源

母本：以 2013 年从长江水系湖北监利、珠江水系佛山西樵和黑龙江水系丹东等地引种的 4 500 尾黄颡鱼为基础群体，并以体重为目标性状，经连续 4 代群体选育并结合性别控制技术制备的全雌黄颡鱼（XX）群体为母本。

父本：以 2010 年引种于长江水系宜宾和珠江水系佛山等地的 1 200 尾瓦氏黄颡鱼为基础群体，并以体重为目标性状，经连续 3 代群体选育并结合性别控制技术制备的超雄瓦氏黄颡鱼（YY）为父本。

2. 技术路线

杂交黄颡鱼“百雄 1 号”培育技术路线见图 1。

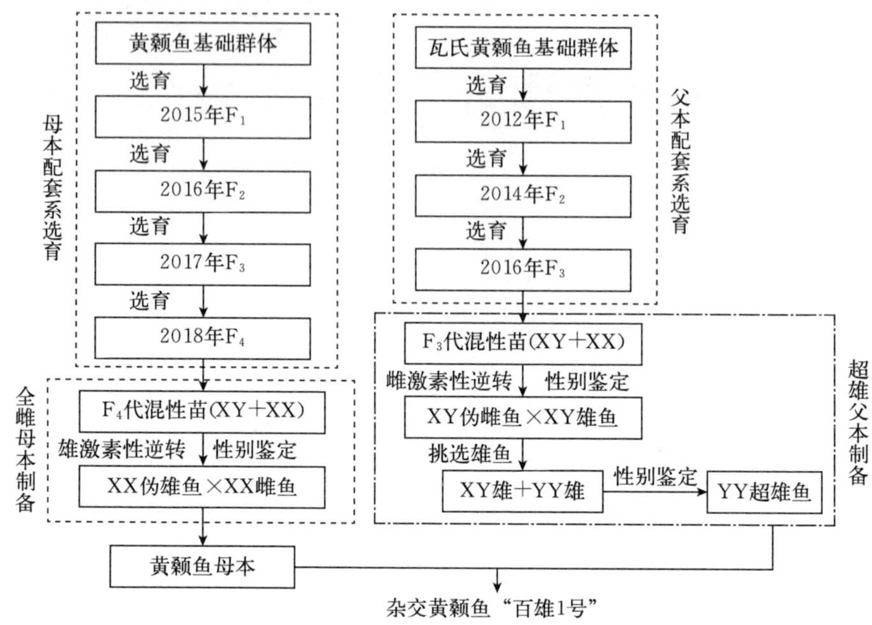

图 1　杂交黄颡鱼“百雄 1 号”培育技术路线

3. 培（选）育过程

（1）*超雄瓦氏黄颡鱼父本培育*　2010 年进行基础群体引种评估，2012 年挑选长江群体和珠江群体雌雄亲本各 200 尾，雄鱼体重大于 1 000 克，雌鱼体重大于 500 克，按照完全双列杂交设计构建 4 个组合，留选 40 万尾混合苗进行培育。在 4 个日龄阶段进行相应筛选，整体留选率为 1.25%。每个世代间隔 2 年，经过 3 代连续群体选育，F_3 比基础群体体长增长 6.4%，体重增长 17.8%，变异系数降至 6.90% 和 9.38%。2016 年利用 F_3 苗进行雌性化性逆转获得伪雌鱼（XY）候选群体，2018 年利用遗传性别鉴定技术选出伪雌鱼（XY）个体与选育系 F_3 雄鱼（XY）繁殖，获得超雄瓦氏黄颡鱼（YY）。

（2）*全雌黄颡鱼母本培育*　2013 年进行基础群体引种评估，2015 年挑选三个来源的黄颡鱼雌性亲本 150 克以上个体各 300 尾，雄性亲本 200 克以上个体各 150 尾，按照完全双列杂交设计构建 9 个繁殖组合，留选 90 万尾混合苗进行培育。在 4 个日龄阶段进行相应筛选，整体留选率为 1.25%。每个世代间隔 1 年，经过 4 代连续选育，F_4 比基础群体体长增长 9.67%，体重增长 27.75%，变异系数显著降低。2018 年 F_4 苗进行雄性化性逆转，得到伪雄鱼（XX）候选群体，2019 年进行遗传性别鉴定，选出伪雄鱼（XX）个体与选育系 F_4 雌鱼繁殖，获得黄颡鱼全雌种群。

（3）*杂交黄颡鱼“百雄 1 号”生产*　2020 年利用超雄瓦氏黄颡鱼与黄颡

鱼全雌种群进行杂交，获得杂交黄颡鱼“百雄1号”。

（三）品种特性和中试情况

1. 品种特性

（1）生长速度快　在相同养殖条件下，12月龄杂交黄颡鱼“百雄1号”体重比未经选育杂交黄颡鱼提高23.0%。

（2）雄性率高、规格整齐　雄性率95.4%以上，25克以下小规格个体占比小。

2. 中试情况

2022—2024年在黄颡鱼主产区广东、湖北等地组织开展对杂交黄颡鱼“百雄1号”的生产性对比试验和中试养殖试验，结果表明，在相同养殖条件下，相比于普通杂交黄颡鱼，杂交黄颡鱼“百雄1号”的生长速度提高23.0%～32.2%，成活率提高9.3%～14.6%，雄性率95.4%～98.0%，优质大规格商品鱼比例提高，饲料系数降低，市场价值和养殖效益明显提高。

二、人工繁殖技术

（一）亲本选择与培育

1. 亲本选择

选择2龄以上、体质健壮、背部灰褐色、体侧灰黄色、腹部灰白色、各鳍淡黄色的超雄瓦氏黄颡鱼作为父本进行培育。选择1龄以上、体质健康、体背部黑褐色、体侧黄色并有三块断续的黑色条纹、腹部淡黄色、各鳍灰黑色的全雌黄颡鱼作为母本进行培育。

2. 亲本培育

（1）培育环境　亲鱼应专池培育，面积一般以5～10亩为宜，水深1.8～2.0米，要求进排水方便、池底平坦、淤泥厚度小于20厘米、水质清新，适当搭配鲢调节水质。

（2）饲养管理　亲鱼培育全程投喂黄颡鱼配合饲料，定期使用微生态制剂，用于调控水质及内服保健，每半个月注水一次，每次注水10～20厘米。水温10℃以上均可以进行投喂，投喂量占鱼体总重的1.0%～3.0%，根据水温以及鱼摄食情况，投饲量进行相应调整。

（二）人工繁殖

“百雄1号”的人工繁殖开始于每年的3月末至4月初。亲本发育成熟后从亲本培育塘转回水泥池，进行人工催产，受精孵化。繁殖孵化水温控制在28～30 ℃，以保证催产率、受精率、孵化率以及鱼苗的成活率。

1. 繁殖亲鱼选择

父本选择体质健壮、生殖突微红或红色的超雄瓦氏黄颡鱼。母本挑选腹部膨大柔软有弹性、泄殖孔红润的全雌黄颡鱼。

2. 人工催产

催产剂常用的有鱼用绒毛膜促性腺激素（HCG）、鱼用促黄体素释放激素类似物2（LRH－A_2）、地欧酮（DOM）。采用背鳍基部注射，雌鱼分两次注射，第一针剂量为每千克体重LRH－A_2 3微克，第二针剂量为每千克体重LRH－A_2 10微克＋HCG 1 300国际单位＋DOM 5毫克；两针注射的时间间隔为12～14小时。雄鱼注射一次，与雌鱼第二针同时进行，剂量为雌鱼的一半。

3. 产卵孵化

达到预定的效应时间后，检查雌鱼产卵情况，视情况进行人工授精：将卵挤到干燥的盆内，用准备好的超雄瓦氏黄颡鱼精液进行授精。之后将黄泥浆水倒入完成授精的盆中搅拌数分钟，过40目网去除多余的黄泥和浆水，再将完成脱黏的受精卵倒入孵化桶中进行孵化。

孵化桶可搭配水处理系统和温控系统。一般密度为每立方米水体放卵100万～200万粒。以28～30 ℃孵化为宜，孵化时间为48～60小时。孵化期间，专人看护，观察孵化情况，保障孵化设施正常运转、流水通畅、水温稳定。初孵仔鱼通过排苗管转移到鱼苗暂养池。

（三）苗种培育

1. 鱼苗培育

（1）*鱼苗培育池*　要求池底平坦、淤泥厚度10～15厘米，面积一般以3～5亩为宜，进排水方便。鱼苗进池前10天用生石灰或漂白粉进行彻底清塘消毒，鱼苗放养前5～7天将新水注入已消毒的培育池中，水位控制在50～60厘米，施放一定数量的有机肥或绿肥培育浮游生物，监测水体中浮游生物丰度。

（2）*鱼苗放养*　鱼苗卵黄囊消失，开始自由集群游动摄食外源营养时，才可放入池塘，投苗密度40万～50万尾/亩。鱼苗下塘前应先试水，确定消毒药物毒性消失后才可放苗。

（3）*投喂管理*　鱼苗刚刚下塘时以水中的浮游生物为食，不需投饵。第2天开始可向池塘中泼洒适量的豆浆（每天每亩水面1～2千克），以保持培育池内浮游生物的丰度。如发现培育池内浮游生物不足，应及时补充饵料，每天每万尾鱼苗投喂0.5千克天然生物饵料。鱼苗长至1.0厘米后，停止泼洒豆浆，饵料开始由天然饵料逐渐转变为人工配合饲料。鱼苗放养入池后，每隔5天加注新水一次，每次加水量以池内水位上升10厘米左右为宜。鱼苗培育期间饲养者应每天早、中、晚巡塘三次，如发现以下情况，应及时采取措施：①鱼苗受惊吓不下沉，分散于池边缓慢游动，应及时增氧直至浮头消失。②鱼苗大量聚集在池边洄游、觅食，表明饵料不足，应增加投饲量。③鱼苗离群独游或死鱼飘浮池面，应立即捞除，准确诊断病症，对症下药，并及时驱除蛇、鸟等天敌。

（4）分塘出池　鱼苗经15～20天培育长至3.0厘米时，应进行拉网分塘，同一规格的鱼苗出池放入鱼种池中进行鱼种培育，分塘时鱼苗的扦捕、过筛、计数、运输、消毒都要小心并带水操作。

2. 鱼种培育

（1）鱼种培育池　要求池底平坦、淤泥厚度10～15厘米，面积一般以5～10亩为宜，进排水方便。进行彻底清塘消毒，鱼苗放养前3～5天将新水注入已消毒的培育池中，施放一定数量的有机肥或绿肥培育浮游生物，监测水体中浮游生物丰度。

（2）鱼种放养　投放的鱼种要求体质健壮、规格整齐，投放前先用3%的盐水浸泡消毒5分钟。鱼种池与鱼苗池温差应≤3℃，池水深80～100厘米。放苗密度为2万～3万尾/亩为宜，鱼苗培育至6厘米左右。

（3）投喂管理　鱼种放养入池后，投喂黄颡鱼配合饲料，总投喂率8%～10%，分早晚两次投喂（7:00—8:00，17:00—18:00）。每次投喂量以30分钟内吃完为宜。投喂过程要坚持“定时、定点、定质、定量”原则，此外应定期在饵料中加入少量大蒜素、黄芪多糖等，增强鱼苗抗病力。

三、健康养殖技术

（一）健康养殖（生态养殖）模式和配套技术

1. 池塘条件

池塘面积5～10亩，水深1.8～2.0米，放苗前池塘需进行平整和消毒。

2. 鱼种放养

投放的鱼种要求体质健壮、规格整齐，投放前先用3%的盐水浸泡消毒5分钟。池塘与鱼种池温差应≤3℃，池水深80～100厘米。放苗密度为2万～3万尾/亩为宜。

3. 养殖模式及饲养管理

杂交黄颡鱼“百雄1号”作为主养品种，同塘搭养调水鲢。投喂全价配合饲料，日投喂量为鱼体重的8%～10%，可根据水温、天气、水质、鱼的活动情况灵活调整。1—4 月水温较低，应减少投喂量；5—8 月是鱼类摄食旺盛期，生长快，可增加投饲量。在投饲技术上，应实行定质、定点、定时、定量的“四定”原则。疾病防治坚持“预防为主，防治结合”的原则。鱼种放养前使用 20～25 克/升的氯化钠溶液浸洗鱼体 5～10 分钟。日常管理与鱼种培育阶段相同，经常观察鱼的生长情况，适量加注新水调节水质。每次加注 20～30 厘米，定期检查鱼体生长情况，判断饲养效果，调节投喂量。如发现鱼病，应及时采取防治措施。

（二）主要病害防治方法

1. 车轮虫病

【病因及症状】车轮虫少量寄生时没有明显症状，严重感染时，车轮虫在鱼鳃及体表各处不断爬动，损伤上皮细胞，使病鱼上皮细胞及黏液细胞增生、分泌亢进，鳃上的毛细血管充血、渗出。病鱼受虫体寄生的刺激，引起组织发炎，分泌大量黏液，鱼体消瘦、发黑、游动缓慢、呼吸困难而死。

【流行季节】在黄颡鱼苗种期，车轮虫主要寄生在鳃丝和尾鳍上。一年四季均有发生，严重感染时可引起病鱼大批死亡（主要发生在 4—7 月）。

【防治方法】①放鱼前用生石灰彻底清塘；②放养时用 3%～5%的食盐水浸洗 2～10 分钟进行鱼体消毒；③车轮净 0.5 克/米^3 全池泼洒。

2. 红头病

【病因及症状】体表典型症状为头部发红，伴随腹部膨大，鳍条、下颌、鳃盖、腹部可见细小的充血、出血斑，肛门外凸，剪开腹腔内有大量含血或者清亮的液体，肝肿大变白。

【流行季节】该病对鱼苗的危害最大，常导致鱼苗大批死亡，甚至全部死亡，但对鱼种和成鱼的威胁较小。

【防治方法】①对鱼池及工具等进行消毒；②鱼种下塘前，每立方米水体中加 15～20 克高锰酸钾，药浴 15～30 分钟；③加强饲养管理，泼益生菌，保持水质优良及稳定，投喂营养全面、优质的饲料，增强鱼体抵抗力；④多西环素、恩诺沙星，每天每千克鱼体用 0.1 克，连续用 5～7 天，并加以维生素 C 护肝。

3. 腹水病

【病因及症状】腹部膨胀。有少量病鱼可见肛门红肿。解剖可见腹腔内积有大量腹水，腹水淡黄色或清亮透明；肝略呈土黄色。

【流行季节】该病病症分急性型和慢性型，症状和败血症相似。急性型发病急，死亡率高，多在水温迅速升高、水质恶化的条件下发生。从初期到大量死亡只需 3～5 天。

【防治方法】①稳定水质，适当提高水位，减少因天气骤变对黄颡鱼造成应激反应；②定期改底；③用强氯精0.25～0.30克/米^{3}消毒，每天1次，连用3天；④每千克饲料加0.6～0.7克盐酸多西环素，每天1次，连用3天。

四、育种和苗种供应单位

（一）育种单位

1. 广东百容水产良种集团有限公司

地址和邮编：广东省佛山市南海区丹灶镇下安村外沙围，528200

联系人：陈柏湘

电话：13450791010

2. 阳新县百容水产良种有限公司

地址和邮编：湖北省黄石市阳新县浮屠镇北煞湖农场，435200

联系人：付延华

电话：18102275822

3. 华中农业大学

地址和邮编：湖北省武汉市狮子山脚，430070

联系人：曹小娟

电话：13006151853

4. 中国水产科学研究珠江水产研究所

地址和邮编：广东省广州市荔湾区兴渔路1号，510380

联系人：赵建

电话：15914516837

5. 海南百容水产良种有限公司

地址和邮编：海南省定安县龙湖镇文笔峰风景区旁，571200

联系人：王兵

电话：15815646980

6. 荆州百容水产良种有限公司

地址和邮编：湖北省荆州市沙市区岑河镇定向村，434000

联系人：王志勇

电话：18671432013

（二）苗种供应单位

广东百容水产良种集团有限公司

地址和邮编：广东省佛山市南海区丹灶镇下安村外沙围，528200

联系人：尹建雄
电话：13814750999

五、编写人员名单

陈柏湘、艾丽、尹建雄、刘冰南等

牙鲆“圣航1号”

一、品种概况

（一）培育背景

牙鲆，又称褐牙鲆，属鲽形目、牙鲆科、牙鲆属。其味道鲜美、经济价值高，是我国土著的重要海水经济种类和增养殖鱼类。养殖模式主要有工厂化养殖、网箱养殖、池塘养殖以及陆海接力养殖等。牙鲆苗种培育的最适温度为18～22 ℃，养成的最适温度为16～23 ℃。水温23 ℃以上，养殖牙鲆摄食减少、生长减缓；25 ℃以上，其摄食与生长受影响更大。但即使我国北方沿海，夏季水温也会达到25 ℃以上，甚至27 ℃以上，而南方夏季水温更高、高温期持续时间更长。工厂化养殖中，在夏季需要对海水降温，网箱和池塘养殖只能通过缩短养殖时间来避免高温造成的不利影响。高温除了阻滞生长外，也会增加疾病的易感性，带来病害暴发的风险。因此，高温不仅增加了养殖成本，也导致养殖成活率降低，直接影响养殖业者的积极性，不利于节能环保和可持续发展。随着全球气候变化，夏季的高温更高，持续时间明显延长，更导致牙鲆养殖范围和规模的局限性。目前，牙鲆虽已有4个新品种通过全国水产原种和良种审定委员会审定，但还未有耐高温相关新品种。针对这一现状，迫切需要选育耐高温新品种，提高夏季养殖成活率，扩大养殖范围，提质增效。

（二）育种过程

1. 亲本来源

威海海域是我国牙鲆主要的天然产卵场之一，是其生长、越冬的主要海区。威海也是我国牙鲆受精卵的主要产区、输出地和种业中心，受精卵辐射山东、辽宁、河北至福建。2007—2010年，收集山东威海双岛湾、威海湾、朝阳港、桑沟湾等海区的野生牙鲆共计516尾，运至威海圣航水产科技有限公司进行驯养。从中挑选无病无伤、个体大、体形标准、体色正常、性腺发育良好的 321 尾个体，雌雄比例约为 2∶1，雌鱼体重大于 2.5 千克，雄鱼体重大于 1.5 千克，构建育种基础群体。

2. 技术路线

牙鲆“圣航 1 号”选育技术路线见图 1。

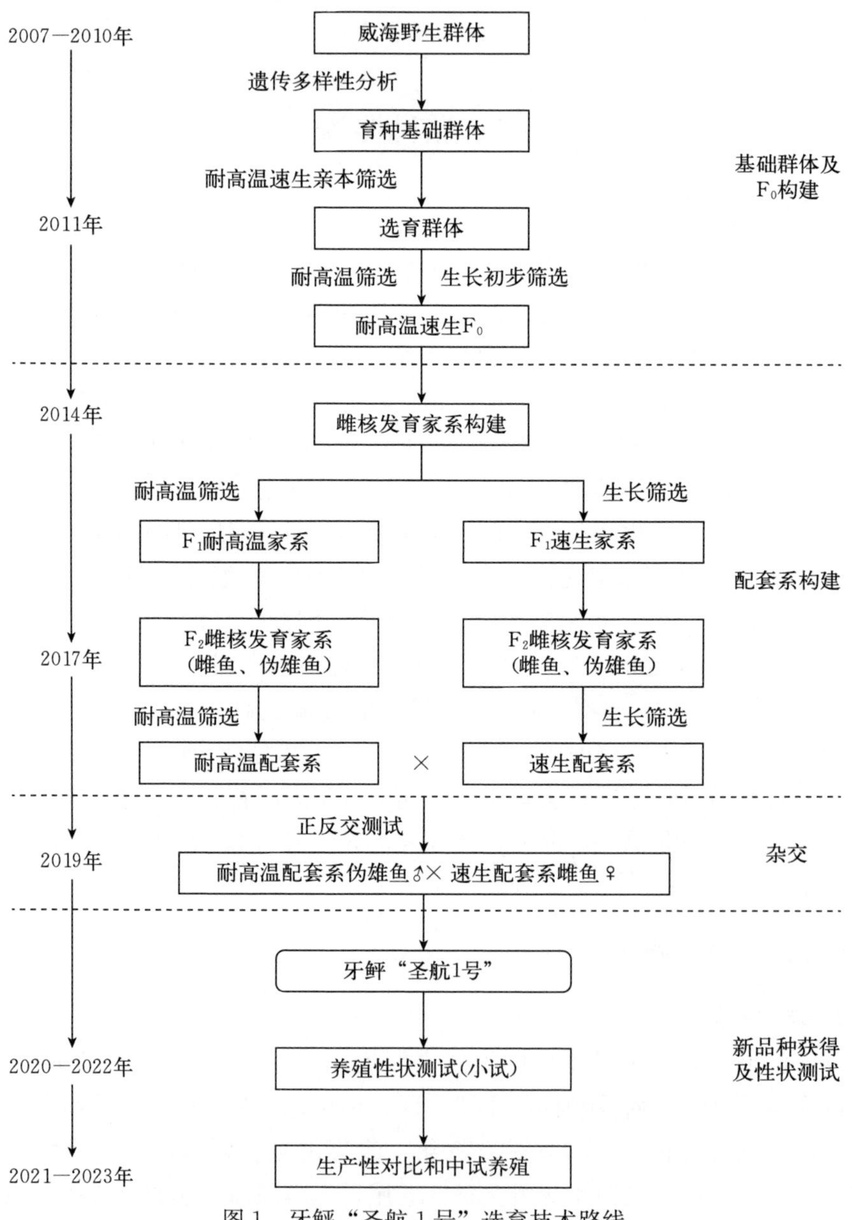

图 1　牙鲆“圣航 1 号”选育技术路线

3. 选育过程

牙鲆“圣航1号”是由上述获得的育种基础群体，通过初步筛选、1代群体选育和连续2代雌核发育纯化选育，分别构建耐高温配套系和速生配套系，再经配套系杂交筛选育而成。具体选育过程介绍如下。

（1）*初步筛选*　2010年，将321尾育种基础群体个体进行无线射频电子标记（PIT）标记后，在(27.0±0.5)℃下养殖2个月，将体重正增长且特定生长率（SGR）前50%个体作为耐高温个体，筛选得到124尾候选亲鱼。

（2）*群体选育*　2011年，选择103尾候选亲鱼采用混合交配的方式进行繁育获得子代。在其2月龄、6月龄时，对全长、体重指标进行2次群体内选留，选择率分别为50%和45%。在6月龄、14月龄时，进行2次耐高温性状筛选，逐渐升温至总体死亡率分别达到约80%和50%，对存活个体继续培育。在18月龄时，对培育的存活个体依体重指标进行第3次选留。经过2次耐高温筛选和3次选留后的总选择率约为1%，构建F_0群体。

（3）*两代雌核发育纯化选育*

① 耐高温配套系选育。2014年，对已达性成熟的F_0 82尾雌性亲本进行减数分裂雌核发育诱导，建立雌核发育家系60个，从中筛选受精率、孵化率、出苗率高且畸形率低的20个家系继续培育。每个家系在培育至2月龄、6月龄、18月龄时，以生长为指标进行3次家系内选留。在6月龄、14月龄时，通过高温急性实验进行2次耐高温性状筛选。筛选出耐高温性状最优的2个家系各500尾成鱼（总选择率约为5%），构成F_1耐高温子群。

2017年，从F_1耐高温家系中挑选雌鱼各20尾，诱导获得2代雌核发育家系2个。每个家系部分鱼在1～3月龄时，通过28℃高温诱导，获得伪雄鱼。同样，依F_1选留方法和标准，在2月龄、6月龄、18月龄进行3次选留；在6月龄、14月龄时进行2次高温急性实验筛选。获得耐高温家系1个，共选留雌雄成鱼各500尾（总选择率约为5%），组成F_2耐高温配套系。

② 速生配套系选育。对2014年筛选获得的20个雌核发育家系，同时进行生长性状测试。分别在2月龄、6月龄时，与耐高温家系一并进行2次家系内选留。在10月龄时，每个家系取300尾进行荧光标记后混养，在12月龄、18月龄和26月龄时，通过体重测量跟踪生长情况，筛选得到速生家系5个。同样，在18月龄时，进行第3次家系内选留。5个家系各选留500尾（3次家系内选留的总选择率为5%），组成F_1速生子群。

2017年，选择性腺成熟的F_1速生家系各20尾亲本，诱导获得2代雌核发育家系5个。同样，各家系部分鱼在1～3月龄进行高温下的伪雄鱼诱导。在2月龄、6月龄、18月龄时，进行3次家系内选留，选留方法和标准同F_1。按照F_1生长性状的评估方法，10月龄时，每个家系取300尾标记后混养，在

12 月龄、18 月龄和 26 月龄时，分别测量其体重。筛选获得具有显著生长优势的家系 3 个。每个家系选留雌雄成鱼各 400 尾（总选择率约为 5%），组成 F_2 速生配套系。2018 年补充诱导筛选出的 3 个 F_2 速生家系，为后续的测试和生产提供足够的亲本。

（4）配套系杂交制种　2019 年，挑选耐高温配套系和速生配套系中已性成熟的伪雄鱼和雌鱼进行正反交测试获得子代，同时以耐高温配套系子代、速生配套系子代和同期未经选育对照组作为对照。9 月龄时，通过高温急性实验进行耐高温性状测试，并测量体重进行生长性状测试。对比表明，耐高温配套系为父本、速生配套系为母本所产生的子代耐高温和生长综合性能最佳，确定为最优杂交组合，超中优势分析结果也显示其子代具有杂种优势，即为选育的新品种——牙鲆“圣航 1 号”。

（三）品种特性和中试情况

1. 品种特性

牙鲆“圣航 1 号”具有耐高温特点。在相同养殖条件下，牙鲆“圣航 1 号”耐高温上限提高 2.0 ℃以上。夏季高温期 25.0 ℃以上能正常摄食及生长，27.5 ℃时无明显病害，养殖适温上限提高 2.0 ℃以上；高温期成活率提高 10.6%以上，变异系数小于 2.7%；平均体重提高 23.7%以上，变异系数低于 9.7%，规格整齐。具有较好的性状遗传稳定性。

2. 中试情况

2021—2023 年，连续 2 年在河北、山东、福建养殖区，对牙鲆“圣航 1 号”与当地同期未经选育的对照组牙鲆，开展了河北与山东的工厂化养殖、山东—福建网箱接力养殖完整养殖周期的生产性对比试验。每种养殖方式 2 个试验点，累计工厂化养殖试验总面积 11 760 米^2，网箱养殖总有效水体为 24 600 米^3（水深 2.5～3 米）。试验结果表明，与同期未经选育的对照组牙鲆相比，牙鲆“圣航 1 号”养殖适温上限提高 2.0～4.5 ℃，高温期成活率提高 10.6%～13.6%，总成活率提高 13.0%～30.1%；14 月龄、18 月龄体重分别提高 23.7%～25.7%和 28.8%～31.8%。

二、人工繁殖技术

（一）亲本选择与培育

1. 亲本选择

牙鲆“圣航 1 号”新品种亲本主要保存在中国科学院海洋研究所和威海圣航水产科技有限公司。亲鱼为经选育的性状优良、遗传稳定、适合扩繁的群体。在以耐高温和体重为目标性状经初步筛选、1代群体选育获得子代的基础上，母本是以体重为目标性状经连续2代雌核发育获得的生长快配套系；父本则是以耐高温为目标性状经连续2代雌核发育获得的耐高温配套系，并在1～3月龄于水温28℃下培育诱导得到的伪雄鱼。亲鱼外形特征符合《牙鲆　亲鱼和苗种》（GB/T 35903—2018）中分类学的表述，体形完整，体色正常，健康，活力强，摄食良好。亲本应当选择2龄以上个体（体重1.5千克以上）。

2. 亲本培育

（1）培育环境　培育池为方形圆角池，池深1～1.5米，容积为30～40米^3，放置直径30厘米气盘2个。放养密度≤5千克/米^2。投喂前0.5小时开灯，光照强度40～400勒克斯，光线应均匀、柔和，投喂后保持黑暗。水温12～18℃，盐度28～32，pH7.8～8.2，溶解氧≥6毫克/升。流水培育，日流水量为培育水体的4～6倍，持续充气增氧，及时排除残饵、污物。

（2）饲养管理　饲料有软颗粒饲料和饲料鱼。软颗粒饲料主要成分为商用粉状配合饲料、饲料鱼等，饲料鱼以新鲜、冷冻小杂鱼为主。饲料应大小适口。日投饲量为鱼体重的1%～3%。每日投喂2次。

（二）人工繁殖

1. 亲鱼促熟

雌雄亲鱼比例为（1～2）∶1。促熟期间水温由11～12℃以每天0.1～0.2℃的速率升至14～15℃；光照强度200～600勒克斯；光照周期由8小时光/16小时暗，每天增加光照15分钟，逐步过渡到16小时光/8小时暗，促熟时间60～90天。

2. 繁殖亲鱼选择

选择健康、成熟亲本用于人工繁育。雌鱼腹部膨大，卵巢轮廓明显，腹部软而富有弹性；雄鱼（伪雄鱼）轻压腹部有乳白色精液流出。

3. 人工授精与自然产卵受精

（1）人工授精　轻轻挤压亲鱼腹部，收集精液与卵子，放入干净烧杯中。采用半干法进行人工授精，精卵体积比1∶100，随后补入卵子体积1～5倍量的15℃新鲜海水进行授精。授精后5分钟将受精卵用清洁海水冲洗干净。

（2）自然产卵受精　将雌、雄亲鱼按（1～2）∶1的比例放入产卵池中，自然产卵受精，每天收集产卵池中上浮卵，用清洁海水冲洗干净。

4. 受精卵孵育及鱼苗孵化

（1）受精卵孵育　孵化桶1.5米^3，放置1米^{3}圆柱形孵化网箱1个，网箱内放置散气石1个。将人工授精或自然产卵受精的受精卵置于孵化网箱中，充气孵化，使受精卵均匀分布于水中。孵化网箱内受精卵密度50万～80万粒/

米^3。水温 14～16 ℃，pH 7.8～8.2，盐度 28～30，光照强度 40～200 勒克斯，溶解氧≥6 毫克/升，日流水量为培育水体的 5～10 倍。

孵化期间，每天 2～3 次吸出死卵。每次停气静置 10 分钟后，将孵化网箱底部死卵吸出，再继续充气孵化。每天观察检查孵化网箱的完好情况，水质、水流情况，鱼卵的漂浮情况，并做好记录，发现问题及时解决。

（2）鱼苗孵化　孵化前 6～12 小时，从孵化网箱中收集上浮受精卵，称量，并放入育苗池中孵化至出膜。育苗池中受精卵密度为 0.3 万～0.5 万粒/米^3。

（三）苗种培育

1. 培育条件

培育用水为经过二级砂滤的海水。培育水温 18～23 ℃。溶解氧≥6 毫克/升，微充气，一般按每 0.5～2 米^3 水体放置散气石 1 个。随着仔鱼的生长，充气量逐渐增大。盐度 28～32。pH 7.8～8.2。光照强度 500～2 000 勒克斯，光线柔和均匀。

仔鱼孵化后第 1～20 天，每天向培育缸中添加一定量的小球藻，使水体中小球藻的浓度保持在 20 万～50 万细胞/毫升。

2. 培育密度和换流水量

初孵仔鱼培育密度在 0.3 万～0.5 万尾/米^3，到变态结束完全营底栖生活后，密度调整为 0.2 万～0.4 万尾/米^2。高密度静水充气培育时，仔鱼孵出后第 1～3 天，每天换水 3%～5%；第 3 天后，开始微流水培育，随着鱼苗的生长，逐渐加大流水量。流水时长及换水量，根据其游泳能力、饵料生物的流失、水温及水质状况来决定。全长 1.3～3.0 厘米鱼苗，培育密度为 0.2 万～0.3 万尾/米^2，流水 1～8 个循环/天；全长 3.1～5.0 厘米的鱼苗，培育密度为 0.1 万～0.15 万尾/米^2，流水 6～10 个循环/天。

3. 饲料及投喂

仔鱼孵出后第 3～4 天（开口），每天投喂轮虫 4 次，使其密度在水体中保持 2～3 个/毫升，在下次投喂之前，水体中轮虫密度保持在 1～2 个/毫升，轮虫投喂至第 22 天。从第 17 或 18 天开始，投喂配合饲料。自第 25 天投喂卤虫无节幼体 1～2 天补充营养，每尾鱼苗投喂卤虫无节幼体 50～100 个。

三、健康养殖技术

（一）健康养殖（生态养殖）模式和配套技术

1. 养殖模式及条件

牙鲆“圣航 1 号”适宜进行工厂化养殖和网箱养殖等养殖方式，养殖与管理等方法与普通牙鲆基本一致，可以参照《牙鲆养殖技术规范》（SC/T 2021—2006）相关操作规范进行，养殖水温可适度提高。

（1）室内工厂化养殖　工厂化养殖水质应符合《地表水环境质量标准》（GB 3838—2002）以及《渔业水质标准》（GB 11607—1989）的规定。培育设施应包括培育池、控温设施、控光设施、充气设施、水处理设施及进排水系统。培育池为方形圆角水泥池，育苗池≥15 米^2，苗种培育池与养成池均≥30 米^2，育苗池水深为 1 米，苗种与养成池水深≤0.6 米。进水口高于鱼池最高水位，每个鱼池设有单独水阀，进水沿池壁切线进入鱼池形成环流。池底中央最低处设中心管排水，排水口底部设排水管，埋在池底下方通到池壁外侧，与控制鱼池水位的竖管连接。

培育水温 16～27 ℃。盐度 28～32。溶解氧≥6 毫克/升。pH 7.8～8.2。光照柔和均匀。流水≥10 个循环/天。培育过程中，要进行筛选。人工将白化、畸形的鱼挑出。

投喂合适粒径的配合饲料，每天投喂 1～2 次，日投喂量为鱼体重的 1%～1.5%。投饵次数和每次投饵量根据水温、鱼体大小、摄食情况来确定，以无剩饵为宜。

（2）网箱养殖　养殖海区应选择内海、内湾或在防波堤内，波浪小，不受台风影响，无污水流入，水流畅通，水交换好，底质为沙底、沙石底，水深 4 米以上，附着生物较少。养殖海区水质符合《渔业水质标准》（GB 11607—1989）的要求。水温不高于 28 ℃，水温低于 10 ℃的海区应考虑室内越冬；盐度应相对稳定，常年应在 28～32；pH 应维持在 7.8～8.4；溶解氧≥6 毫克/升。

全长 8～9 厘米的苗种密度为 200 尾/米^2，之后随着鱼的生长，要及时将个体差异较大的鱼拣出，另箱养殖。

饲料主要有商用配合饲料、鲜杂鱼、冷冻鱼等。日投喂率为 1%～2.5%，具体根据水温、鱼的生长、活力和摄食等情况进行调整。全长 8～10 厘米时，每天投喂 3 次，上午、下午、傍晚各 1 次；全长 10 厘米以上时，每天投喂 2 次，上午、下午各 1 次。

2. 鱼苗饲养管理

为了提高仔鱼的活力，防止体色和形态异常，培育成健全的苗种，需要对培养的活生物饵料进行 EPA、DHA 营养强化。

对于所用的配合饲料，要根据仔、稚鱼营养需求进行筛选或加工。开始投喂配合饲料时，要以驯化摄食配合饲料为目的，仔细操作。每天 5：00 开始投喂配合饲料，投喂频率为每 0.5 小时 1 次，每次少量投喂。第 1 天持续投喂配合饲料 2 小时，投喂结束 0.5 小时后，开始投喂轮虫。逐日递增 0.5 小时配合饲料投喂时间。至第 4 天，仔鱼基本全部开始摄食配合饲料，投喂频率调整为

1～1.5小时一次，并在投喂配合饲料的间隙中每天补充投喂2～3次轮虫，补充至第6～7天后完全停止投喂轮虫。进入营底栖生活之后的鱼苗，配合饲料每天投喂4～6次。配合饲料粒径一定要适宜鱼苗的口径，根据个体的生长及不同阶段、更换成粒径大小适宜的饲料。养成期每天投喂1～2次，日投喂量为鱼体重的1%～1.5%。投饵次数和每次投饵量根据水温、鱼体大小、摄食情况来确定，以无剩饵为宜。

3. 鱼苗筛选

培育过程中，要进行筛选，将白化、畸形的鱼苗挑出。鱼苗全长4厘米后，用网眼1.8～2.2厘米的筛网进行筛选，之后根据鱼苗的大小调整筛网网眼规格。

4. 日常管理

在整个养殖期间，每天必须不少于2次巡池/箱检查，主要观察鱼的活动、摄食情况，并定时测量鱼的生长情况。根据鱼的生长情况定期进行分池/箱处理，同时，应根据生物附着情况定时倒池清洗或清洗/更换网衣。光照过强时，要用遮光帘遮光。

培育时，应及时清除残饵粪便等污物，保持养殖水体清洁。工厂化养殖中，鱼苗变态前应通过虹吸的方式将池底污物去除；苗种培育及养成期每天投喂后2小时左右，将培育池排水管打开排水70%～80%以去除残饵粪便。养殖过程中每天排水清洁池底及池壁，或根据水温每20～30天将鱼更换至干净的养殖池。

（二）主要病害防治方法

牙鲆病害防治应坚持以预防为主，采取控光、调温、水质处理、增加流水量等综合措施。肉眼定时观察鱼的摄食、游动和生长发育情况，及时发现病鱼及死鱼，并将其捞出，进行解剖分析、显微镜观察，分析原因。对病鱼、死鱼做无害化处理。药物使用应符合《水产养殖用药明白纸》的要求；提倡使用微生态制剂和免疫制剂预防病害。

1. 腹水病

【病因及症状】主要由迟缓爱德华氏菌引起，发病后，死亡率较高。病鱼表现为腹部膨胀，腹腔内有大量积水，肛门发红扩张，有的病鱼肠道脱出肛门；鳍条发红、充血；颈部、背鳍下部隆起；体色发黑，不摄食等。解剖发现消化道内食物很少，充满浅黄色黏液，并有少许白色黏性团块，肝脏、肾脏发生脓肿性出血或肿大贫血，也有的出现肝脏局部坏死和出血。

【流行季节】主要集中在夏季水温高的时期。

【防治方法】由于腹水病多发生在水温高、过量摄食、换水率低、池底污浊的情况下，所以，可以通过以下方法预防：第一，加大换水量，去除池底污物，保证池水干净、卫生；第二，降低投饵量，使鱼处在70%的饱食状态即可；第三，要保持合理的养殖密度；第四，病鱼应尽快清除，防治交叉感染。如果发病，单独或联合使用氟甲喹、氟苯尼考、复方磺胺嘧啶制作药饵进行投喂治疗，用药量为每千克饵料5～7克，每天投喂2次，连续投喂7天以上。

2. 肠道白浊症

【病因及症状】主要由弧菌属细菌感染引起。变态前期的仔鱼发病率较高。病鱼通常肠道变白，腹部肿大，肠道中残留大量饵料。严重时，腹部凹陷，最后导致死亡。

【流行季节】各养殖季节均可发生。

【防治方法】应以预防为主：第一，保证饵料的品质，仔鱼时最好使用酵母及小球藻培育的轮虫等生物饵料；第二，降低鱼苗培育密度；第三，对水源进行严格消毒，保持养殖池中水的清洁卫生；第四，减少卤虫无节幼体投喂。可用10毫克/升氟苯尼考浸泡等方法预防。

3. 盾纤毛虫病

【病因及症状】由盾纤毛虫寄生引起。主要发生在全长3厘米以上的鱼苗，10厘米以下的鱼苗死亡率较高。病鱼症状表现为头部和体表发红、溃烂，鳃出血，体色发黑，背鳍和臀鳍基部糜烂，特别是尾柄糜烂严重。

【流行季节】主要在春季及秋冬季节转换时易发。

【防治方法】应以预防为主，通过砂滤等方式控制虫卵随养殖用水进入养殖池，对养殖池要定期消毒。对体弱和被咬伤残的病鱼应立刻药浴。可用30%双氧水100～150毫升/米^{3}浸浴1～2小时，连续3～5天；或进行淡水浸泡处理，每次处理10～30分钟，3～5天后可杀灭纤毛虫；也可进行中药治疗，例如用0.3～0.5毫升/米^{3}的雷丸槟榔散浸泡鱼苗6小时，对盾纤毛虫也有杀灭作用。处理后应大量换水冲出残留药物和死掉的盾纤毛虫。

四、育种和苗种供应单位

（一）育种单位

1. 中国科学院海洋研究所

地址和邮编：山东省青岛市市南区南海路7号，266071

联系人：尤锋

电话：13869892803

2. 威海圣航水产科技有限公司

地址和邮编：山东省威海市四方路80号702室，264299

联系人：宋宗诚
电话：15163153666

3. 中国水产科学研究院

地址和邮编：北京市丰台区永定路南青塔村 150 号，100141
联系人：杨润清
电话：13520127850

（二）苗种供应单位

1. 中国科学院海洋研究所

地址和邮编：山东省青岛市市南区南海路 7 号，266071
联系人：尤锋
电话：13869892803

2. 威海圣航水产科技有限公司

地址和邮编：山东省威海市四方路 80 号 702 室，264299
联系人：宋宗诚
电话：15163153666

五、编写人员名单

尤锋、宋宗诚、杨润清、吴志昊、王丽娟、岳新璐等

福建牡蛎“前沿2号”

一、品种概况

（一）培育背景

福建牡蛎，俗称葡萄牙牡蛎，隶属软体动物门、双壳纲、翼形亚纲、珍珠贝目、牡蛎科、巨蛎属。自然分布于我国浙江、福建、广东、广西、海南和台湾等地的近海水域，是我国南方重要的海水养殖贝类，也是我国产量最大的牡蛎。

近几年，细胞遗传技术在海洋生物中的应用受到广泛重视，且在贝类中有了显著进展，以多倍体为主的贝类细胞遗传技术是目前贝类遗传育种中最活跃和最具有应用价值的一个领域。因三倍体牡蛎具有育性差、生长快和肉质好等显著特点，是国际上高端牡蛎的主要商品形式。近年来，我国培育了世界首个三倍体牡蛎新品种长牡蛎“前沿1号”，该品种深受养殖户的认可。目前，市场尚无三倍体福建牡蛎新品种。

研究团队通过细胞工程育种技术、群体选育技术和杂交育种技术相结合，对福建牡蛎种质进行遗传改良，获得了生长快速、品质优良的三倍体福建牡蛎“前沿2号”，可为我国福建牡蛎产业的稳定快速发展提供优良种质保障。

（二）育种过程

1. 亲本来源

2014年，对收集的福建牡蛎群体进行SNP鉴定和表型评估，最终选定从福建省诏安海域收集的1 150粒福建牡蛎野生群体作为基础群体。

2. 技术路线

福建牡蛎“前沿2号”培育技术路线见图1。

3. 培（选）育过程

2015年开始，利用细胞工程技术开展三倍体的诱导工作，并进一步在三倍体的基础上自主制备四倍体，以壳高为目标性状，对四倍体群体进行了连续4代的定向群体选育，并与同源同步同法选育的二倍体群体杂交（二倍体母

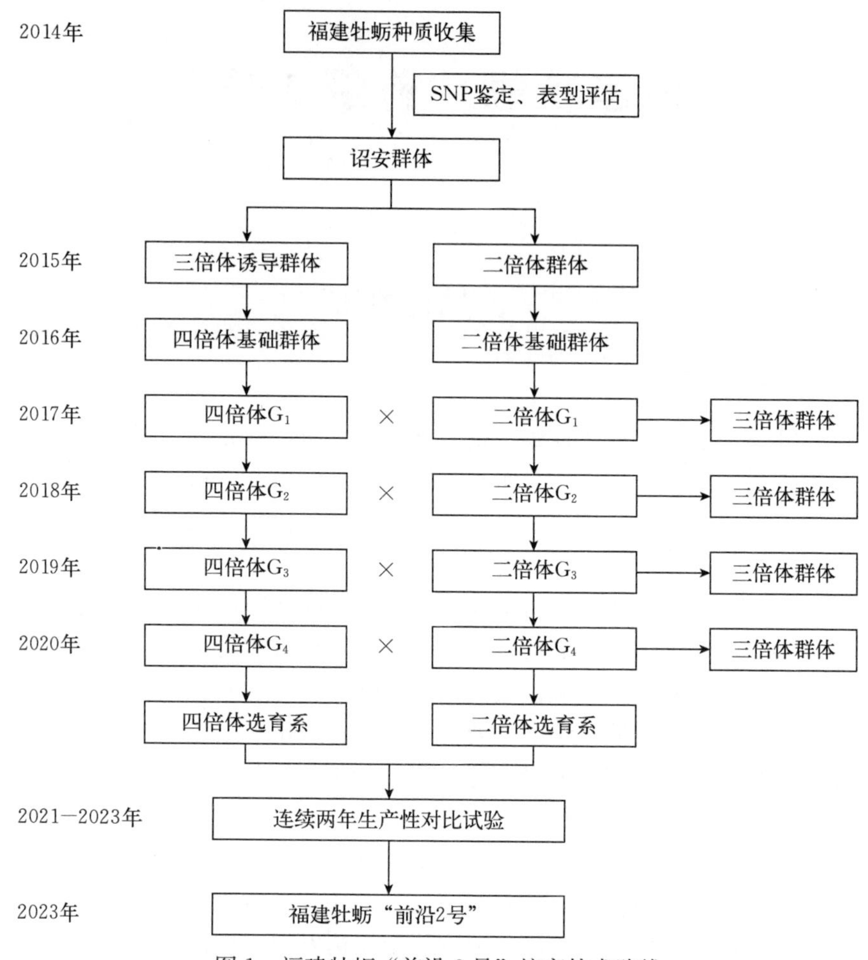

图 1　福建牡蛎“前沿 2 号”培育技术路线

本×四倍体父本)，育成三倍体新品种福建牡蛎“前沿 2 号”。

(1) 四倍体群体构建和二倍体基础群体自繁　2015 年，从福建牡蛎诏安群体随机选择壳形规整、性腺发育成熟的 60 粒雄性和 60 粒雌性个体，通过解剖授精和利用细胞松弛素 B（CB）抑制受精卵第二极体排放的方式构建了三倍体群体。从诏安群体中，随机选择性腺发育成熟的 60 粒雌性和 60 粒雄性个体，通过群体自繁的方式构建了二倍体群体。

2016 年，利用流式细胞仪检测 2015 年构建的三倍体群体倍性，随机选择性腺发育成熟的 200 粒三倍体雌贝和 2015 年构建的诏安二倍体群体的 60 粒雄贝，通过抑制三倍体受精卵第一极体排放的方法，构建诏安群体的四倍体群体。随机选取性腺发育良好的 2015 年构建的诏安二倍体群体雌雄各 60 粒，通过群体自繁的方式构建了2016年二倍体群体。

（2）*群体选育* 2017年，采用活体检测技术鉴定四倍体基础群体的倍性，从随机鉴定出的四倍体中上选10%壳高最大的130粒个体，采用群体繁育的方式构建四倍体群体第1代。之后采用同样的方法继续进行群体选育，每一世代选择压力为10%，通过持续开展群体选育，2020年四倍体群体选育至第4代，命名为四倍体选育系。

2017年，以壳高为选择指标从二倍体基础群体中选择10%壳高最大的130粒个体，采用群体繁育的方式构建二倍体群体第1代。之后采用同样的方法继续进行群体选育，每一世代选择压力为10%，通过持续开展群体选育，2020年二倍体群体选育至第4代，命名为二倍体选育系。

2017年，从二倍体基础群体中，随机选取性腺发育成熟的120粒个体采用群体交配的方式构建对照组，后续第1代到第4代的对照组均为该群体连续传代的自繁群体。

（3）*新品种形成* 2017—2020年，利用构建的每一代四倍体群体为父本和构建的每一代二倍体群体为母本，经杂交获得三倍体群体，即福建牡蛎“前沿2号”。在相同养殖条件下，与对照组相比，福建牡蛎“前沿2号”第4代成贝阶段壳高较对照组提高35.24%，体重提高33.89%，软体重提高67.93%。

（三）品种特性和中试情况

1. 品种特性

福建牡蛎“前沿2号”是利用经4代选育的四倍体选育系为父本与经4代选育的二倍体选育系为母本，杂交育成的三倍体福建牡蛎，具有三套染色体组，育性差。在相同养殖条件下，与母本相比，12月龄壳高提高13.81%、体重提高16.18%，软体部重提高28.11%；与父本相比，12月龄壳高提高18.97%、体重提高19.68%，软体部重提高38.07%；与普通商品福建牡蛎（二倍体）相比，12月龄壳高提高34.19%、体重提高33.45%，软体部重提高68.58%；三倍体倍化率为100%。

福建牡蛎“前沿2号”在品质和抗性方面也得到了显著改良。糖原、脂肪酸、氨基酸等营养物质含量和室内高温应激后的存活率均显著高于二倍体对照组，且福建牡蛎“前沿2号”的高温半致死温度较二倍体对照组提高了0.86℃。

2. 中试情况

2021—2023年在福建连江、福建漳浦、广东饶平和广东徐闻等4个福建牡蛎主养海区开展连续两年的生产性对比试验养殖，“前沿2号”累计试养面积6700亩。结果显示，收获期的福建牡蛎“前沿2号”表现出显著的生长优势，较对照组壳高提高 33.24%～36.55%，体重提高 33.45%～70.01%，软体重提高 68.58%～119.79%，肥满度（出肉率）提升 20.30%～27.09%，遗传改良效果十分显著，壳高、体重、软体部重的变异率均低于 10%，表型的一致性和稳定性较理想。

二、人工繁殖技术

（一）亲本选择与培育

1. 亲本选择

福建牡蛎“前沿 2 号”亲贝保存在特定的良种保存基地，为经过多代选育后性状优良、遗传稳定、适合规模扩繁推广的群体。福建牡蛎“前沿 2 号”父本和母本应符合以下要求：贝龄 2～3 龄，壳高 10 厘米以上，壳形规整、洁净、附着物少，生殖腺肥满并覆盖大部分内脏囊，不携带病菌、病毒等特异性病原；四倍体父本需用流式细胞仪检测倍性，确定为 $4n$。

2. 亲本培育

福建牡蛎“前沿 2 号”亲本一般采用室内培育方式。将福建牡蛎“前沿 2 号”亲贝从养殖保种海区取回剥离为单体后，洗刷干净，在室内水泥池中用多层网笼或单层浮式网箱蓄养，二倍体亲本群体和四倍体亲本群体分池隔离培养。培育密度为 50～70 粒/米^3，早期每天换水 100%，倒池 1 次，中量充气；中期每天换水 200%，倒池 2 次，中量充气；临近采卵前每天换水 50%，不倒池但应每天吸污两次，微量充气。投喂硅藻、扁藻等单胞藻或酵母粉、淀粉、藻粉等代用饵料，外池塘水肥时也可直接投喂外池塘水，日投饵次数 4～8 次。每隔 5～7 天解剖观察亲贝性腺发育状况。

另外，亲贝的培育方法可根据季节改变。春季，每天升温不超过 1 ℃，至 22～25 ℃恒温培育；秋季，自然水温培育。

（二）人工繁殖

1. 精、卵的获得

一般采用解剖法获得二倍体亲贝的卵，以及四倍体亲贝的精子。

（1）二倍体雌贝获得、采卵　二倍体种贝用淡水清洗干净后，撬开牡蛎盖，切断闭壳肌，开壳时应尽量避免性腺破损，每开一个牡蛎都要用淡水清洗开壳工具和双手。鉴别雌雄时，用吸管取淡水于载玻片上，用牙签蘸取少量性腺物质，涂于载玻片的淡水水滴中，手电筒强光照射下呈颗粒状散开的为雌贝，烟雾状散开的为雄贝，粗检后保留雌贝，淘汰雄贝；将保留的雌贝进一步放于显微镜下镜检，用吸管取 20～23 ℃海水于载玻片上，用牙签蘸取少量性腺物质，涂于载玻片的海水水滴中，观察配子形态后，淘汰雄性和雌雄同体的个体。

用淡水对每个鉴定好的二倍体雌贝进行冲洗，去掉鳃、外套膜等部分，将性腺取出，撕破生殖腺，挤出卵子。卵先用150目筛绢过滤，以便除去较大颗粒，再用300目筛绢过滤，除去较小杂质。用计数枪定量获取的卵子，浸泡于23℃清洁海水中30～60分钟，使卵子熟化，倒掉上层组织液以备授精。

（2）四倍体雄贝获得、采精　用淡水清洗四倍体种贝外壳后，开壳，开壳时应尽量避免性腺破损，取其鳃组织用流式细胞仪检测其倍性，将鉴定后的四倍体用牙签蘸取少量性腺物质放于显微镜下观察，收集鉴定后的四倍体雄贝。采用如上二倍体采卵的方法，将四倍体雄性亲本个体挤出精子并过滤备用。按雌雄贝数量20∶1分别收集卵细胞和精子。

2. 授精与孵化

福建牡蛎“前沿2号”苗种生产的授精方式有集中授精和分开授精两种方法。

（1）集中授精　将熟化好的卵子收集到有刻度的容器中，用23℃海水调整卵子密度到3×10^4～5×10^4粒/毫升，将精子加入卵子中，3～5分钟后用显微镜观察授精情况，每个卵子周围10～20个精子为宜，搅拌5～10分钟。15分钟后加入和容器等体积的23℃海水，45分钟后倒入孵化池。受精卵入池后，每小时搅池一次，捞取水面泡沫，定时观察胚胎发育情况。

（2）分开授精　卵子定量后，卵子按50～100粒/毫升的密度倒入孵化池内，将四倍体精子均匀泼洒到每个孵化池内，持续搅拌15分钟，用显微镜观察授精情况，每小时搅池一次，捞取水面泡沫，定时观察胚胎发育情况。

（三）苗种培育

1. 幼虫培育

牡蛎幼虫培育是指从D形幼虫至幼虫附着变态为稚贝这一阶段。幼虫培育期间日常管理如下：

（1）幼虫倍性检测　为进一步获得100%三倍体苗种，需在幼虫培育的2天（D形幼虫）、12天（壳顶期幼虫）、20～30天（眼点幼虫）以及稚贝期用流式细胞仪进行倍性检测，三倍体率≥99.8%，则样品合格；如果样品三倍体率小于<99.8%，则样品不合格。

（2）幼虫密度　D形幼虫选优后培育密度一般为8～10个/毫升，培育过程中应根据幼虫的大小调整培育密度，眼点幼虫期时2～3个/毫升为宜。

（3）投饵　幼虫选优后，以金藻为开口饵料，每天分4～6次投喂。随着幼虫生长，饵料投喂量应逐渐增加。幼虫壳长120微米以上，可投喂小球藻、角毛藻、扁藻等。投饵量和投饵种类应根据摄食情况和幼虫发育阶段进行调整。

（4）倒池、充气　每隔 5～7 天倒池一次，将池底的粪便和其他有机碎屑清除，培育过程中应连续微量充气。

2. 采苗

（1）采苗器制作与处理　福建牡蛎采苗器一般选用冲洗干净、无附着物、壳高 6～8 厘米以上的牡蛎壳片或者水泥条等（图 2，牡蛎壳为主）；用聚乙烯线将牡蛎壳串成串，每串 200 片左右。采苗器必须处理干净，在反复冲洗后，用 0.05%～0.1%的氢氧化钠溶液或 0.2%的漂白粉（含氯量 35%）溶液或稀盐酸浸泡 24 小时，再用砂滤海水冲洗 2～3 遍，每立方米水体投放密度为 15～20 串。

图 2　福建牡蛎“前沿 2 号”附着基（左为牡蛎壳，右为水泥绳）

（2）采苗时间　眼点幼虫比例达 30%以上时，对眼点幼虫进行筛选，并移入已投放采苗器的水池中，密度控制在 2～3 个/毫升。

（3）采苗后管理　附苗初期水位不应低于采苗器，减少充气量，附苗密度以每个牡蛎壳 20～50 个为宜。经常检查幼体附着及附着后的变态情况，及时调整投饵量，日投喂单胞藻饵料密度为 20×10^4～40×10^4 细胞/毫升（以金藻为例）。

3. 稚贝培育

幼虫附着变态后即为稚贝（图 3）。稚贝附着后 7～10 天出池至近海暂养。苗种运输采用干运法，气温在 20 ℃以下，运输时间控制在 8 小时以内。稚贝暂养环境要求为风平浪静、潮流较小、饵料丰富的海区；水温 15～30 ℃；盐度 25～33。稚贝海区暂养一般采用浮筏网包吊养方式，每包放置牡蛎串 5～10 串，网包间距大于 100 厘米。暂养期间，应尽量错开藤壶、贻贝等附着生物的附着高峰期，附着物大量繁殖季节或高温期，适当加深吊养水层。

苗种海区暂养 10～15 天后，壳高可达到 1 毫米或以上，且苗种变黑、不脱落、无附着物，用长为 2.5～3 米的聚乙烯绳将附有稚贝的牡蛎壳串联，每片间隔10～15厘米，每苗绳15～20片。

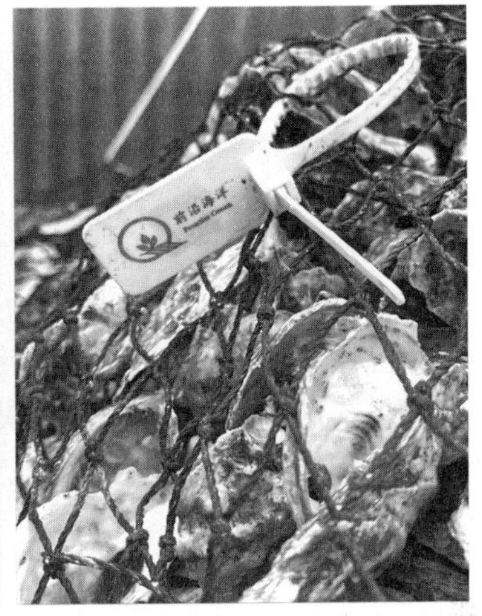

图3　福建牡蛎“前沿2号”新品种附壳苗（稚贝）

4. 单体牡蛎的人工培育

牡蛎具有群聚固着的生活习性，壳形受生长空间的限制极易不规则，影响牡蛎外观品相。单体牡蛎即为游离的、无固着基的牡蛎，不受生长空间的限制，壳形规整美观，可以提升牡蛎品相和价值。

单体牡蛎苗的生产原理是对眼点期幼虫进行适当的物理或化学处理，使之单独附着在不同基质或不附着就变态为稚贝。常用方法如下：

（1）*先固着后脱离*　用打包带或波纹板等有一定结构强度和韧性的无毒塑料材质作为采苗器，控制适当的附着密度，当稚贝生长到2厘米左右时，弯曲塑料表面使稚贝脱离成为单体牡蛎。

（2）*肾上腺素和去甲肾上腺素化学诱导法*　用80目的筛绢筛选幼虫，选取眼点成熟度好、足开始伸出壳外的幼虫作为处理材料，参考浓度为10摩尔/升，处理时间为1～3小时，使其面盘、足丝退化，实现无附着基变态。

（3）*颗粒物采苗法*　在幼虫出现眼点幼虫时，投放直径300～500微米的贝壳粉或石英砂颗粒等为固着基，通过充气和上升流系统使附着基颗粒均匀分布于水体中，通常每个颗粒附着一个稚贝较为理想。

三、健康养殖技术

（一）健康养殖（生态养殖）模式和配套技术

福建牡蛎“前沿2号”属于广温广盐性养殖种类，适宜在我国福建、广东、广西和海南等沿海区域水温 11～34 ℃和盐度 20～35 的人工可控的水体中养殖。福建牡蛎“前沿 2 号”一般需要 1～2 年养成期，养殖以浮筏养殖模式为主，分为筏式平挂和筏式吊笼养殖模式。

浮筏养殖应选择风浪较小、水流通畅、浮游藻类丰富、水温周年变化稳定的海域。此外养殖海域水质应符合 GB 11607 的要求，不应有工业污染源。

1. 养殖筏

浮筏由 1 条浮绠、2 条橛缆、2 个橛子和若干浮球组成，浮绠的长度就是浮筏的长度，一般 60～100 米，橛缆的长度视水深而定，一般是水深的 2 倍左右，橛子和橛缆用来固定浮绠。

浮绠和橛缆一般采用聚乙烯绳或聚丙烯绳，直径可根据海区风浪大小而定；浮球一般使用圆球形塑料浮球，底部有 2 个耳孔，通过绳子绑在浮绠上。

2. 养成方式

（1）*筏式平挂养殖模式*　该模式一般适用于风浪、潮流适中的近海养殖区，浮绠间距 2 米左右。稚贝经海区暂养后，分成了若干每绳串有 15～20 片的苗绳，将苗绳两端平挂于两条相邻的浮绠上，苗绳间隔 30～50 厘米。该模式可以直接进行养成或牡蛎到一定规格后转为吊笼养殖。

（2）*筏式吊笼养殖模式*　该养殖模式（图 4）的设施与苗绳平挂养殖相同，主要区别为养殖器具为网笼，一般用于牡蛎半成品至育肥阶段养殖、单体牡蛎养殖和某些风浪较大不宜进行平挂养殖的海区。

构建筏架时需划分海区并确定位置，留出航道。筏架应顺风浪、潮流设置。育肥阶段筏架一般间隔 10～20 米，笼间距为 0.7～1 米，一根 60 米的浮绠可挂 60～80 笼。

在养殖过程中，需注意捕捉清除肉食性腹足类及甲壳类，洗刷清除附着生物等。附着物大量附着季节，应适当下降水层；大风浪来临前，应将整个筏架下沉，以减少损失。随着牡蛎的生长，体重增加，应及时增补浮漂，防止筏架下沉，使浮漂保持在水面将沉而未沉状态。

图 4　福建牡蛎筏式吊笼养殖（成品育肥养殖）

（二）主要病害防治方法

稚贝下海时，应尽量错开藤壶、贻贝等附着生物的附着高峰期。养殖过程中，应注意防止复海鞘、柄海鞘、贻贝、野生牡蛎等的附着，附着物可影响牡蛎的生长及品质，严重时可导致牡蛎死亡，因此在附着物大量附着季节，应适当下降水层，并定期洗刷清除附着生物。

四、育种和苗种供应单位

（一）育种单位

1. 青岛前沿海洋种业有限公司

地址和邮编：山东省青岛市崂山区王哥庄街道返岭社区，266105
联系人：郭希瑞
电话：18669798988

2. 中国科学院海洋研究所

地址和邮编：山东省青岛市市南区南海路7号，266071
联系人：李莉
电话：0532－82896728

（二）苗种供应单位

青岛前沿海洋种业有限公司

地址和邮编：山东省青岛市崂山区王哥庄街道返岭社区，266105
联系人：郭希瑞
电话：18669798988

五、编写人员名单

纪右康、丛日浩、李雅林、李晓喻、付杰、郭希瑞、李莉

图书在版编目（CIP）数据

国家水产新品种培育与繁养技术手册. 2024 / 全国水产技术推广总站编. -- 北京 ：中国农业出版社，2024. 12. -- ISBN 978-7-109-32891-4

Ⅰ. S96-62

中国国家版本馆 CIP 数据核字第 2025VU5679 号

国家水产新品种培育与繁养技术手册 2024

GUOJIA SHUICHAN XIN PINZHONG PEIYU YU FANYANG JISHU SHOUCE 2024

中国农业出版社出版

地址：北京市朝阳区麦子店街 18 号楼

邮编：100125

责任编辑：蔺雅婷　王金环

版式设计：王　晨　　责任校对：吴丽婷

印刷：北京中兴印刷有限公司

版次：2024 年 12 月第 1 版

印次：2024 年 12 月北京第 1 次印刷

发行：新华书店北京发行所

开本：700mm×1000mm　1/16

印张：14.25　　插页：2

字数：271 千字

定价：88.00 元
